Néstor Raúl Barreiro Cantuca

Adecuación tecnológica de un drone para control de vuelo autónomo

Néstor Raúl Barreiro Cantuca

Adecuación tecnológica de un drone para control de vuelo autónomo

Modelo lineal reducido para el diseño de control de altura

Editorial Académica Española

Imprint
Any brand names and product names mentioned in this book are subject to trademark, brand or patent protection and are trademarks or registered trademarks of their respective holders. The use of brand names, product names, common names, trade names, product descriptions etc. even without a particular marking in this work is in no way to be construed to mean that such names may be regarded as unrestricted in respect of trademark and brand protection legislation and could thus be used by anyone.

Cover image: www.ingimage.com

Publisher:
Editorial Académica Española
is a trademark of
International Book Market Service Ltd., member of OmniScriptum Publishing Group
17 Meldrum Street, Beau Bassin 71504, Mauritius
Printed at: see last page
ISBN: 978-620-0-38775-2

Dedicatoria

Dedico este trabajo a mi familia por su apoyo incondicional, por estar presente en mi vida y por ser mi punto de apoyo. También dedico este trabajo a todas las personas que creyeron en mí.

Agradecimientos

Agradezco a todas las personas que contribuyeron con esta investigación: al ingeniero Alexis Ramírez por su tiempo, al ingeniero Luis Eduardo Fino por brindarme su orientación en el tema de drones y su aporte fue esencial en mi investigación.

Tabla de Contenido

Lista de Figuras

Lista de Tablas

Resumen

La investigación acerca de vehículos no tripulados ha sido considerada, desde tiempos de guerra, para sacar ventajas sobre el enemigo, pero en la actualidad se han desarrollado nuevas tecnologías, una de las principales los Drones. Es por ello que este trabajo se enfocará en un firmware de vuelo autónomo, considerando las herramientas matemáticas para resolver las variables que se deben tener en cuenta al momento del desarrollo tecnológico de estos equipos.

En este trabajo se propone un algoritmo de control de altura, sencillo desde el punto de vista computacional, que ofrece buenos resultados en la respuesta transitoria hacia el valor deseado y ante perturbaciones. El algoritmo fue validado mediante simulaciones en la herramienta Simulink del Matlab. Adicionalmente, se describen los aspectos a tener en cuenta para una adecuada sintonía del controlador. Dadas la ventajas que ofrece este tipo de control se propone el mismo para ser evaluado sobre un medio real.

Abstract

The investigation about unmanned vehicles has been considered from time of war to take advantage of the enemy, but nowadays new technologies have been developed with these Drones, it is intended in this work to consider an autonomous flight firmware considering the mathematical tools for solve the variables that must be taken into account at the time of the technological development of these teams. In this paper, a simple height control algorithm is proposed from the computational point of view, which offers good results in the transient response to the desired value and in case of disturbances. The algorithm was validated by simulations in the Simulink tool of Matlab. Additionally, the aspects to be taken into account for an adequate tuning of the controller are described. Given the advantages offered by this type of control, it is proposed to be evaluated on a real environment.

Introducción

En las últimas décadas, el uso de vehículos aéreos no tripulados se ha incrementado debido al surgimiento de sensores más precisos y microcontroladores de mayor potencia de cómputo con menor consumo energético, permitiendo mejoras en los sistemas de control. Un *UAV* (por su siglas en inglés, *unmanned aerial vehicle*), o vehículo aéreo no tripulado, es aquel vehículo aéreo capaz de operar de manera autónoma durante el cumplimiento de misiones, sin que sea necesario ser piloteado constantemente por el operador (Argentina y col., 2013).

El Quadcopter o Quadrotor es un tipo de *UAV* que cuenta con cuatro rotores para su sostén y su propulsión. Son capaces de realizar el vuelo estacionario, despegue y aterrizaje vertical, navegación guiada mediante una emisora de radio-control y navegación de forma autónoma mediante sensores de distancia. Estos son utilizados en la robótica en numerosas aplicaciones, tales como: vigilancia de instalaciones, acceso a zonas de riesgo, búsqueda y rescate en desastres naturales, realización de mapas de terreno y captación de imágenes aéreas (Avendaño y col., 2015; Patel y Barve, 2014).

Con estos dispositivos es posible resolver muchos problemas en la actualidad. Un ejemplo claro es el que está utilizando el gobierno colombiano para el riego de cultivos ilícitos y terminar así con la siembra de marihuana y coca. Otro ejemplo claro de utilización de estos dispositivos es en el desminado en sectores afectados por la guerrilla, entre otros cientos de ejemplos donde se puede aplicar esta tecnología.

1.

Identificación del problema

1.1 Planteamiento del problema

Los Drones aparecieron aproximadamente en el año de 1917 cuando el inglés Archibald Low diseñó un biplano controlado por radio, pero encontró muchos problemas debido a los motores utilizados en esa época y la real fuerza área británica perdió interés en este proyecto. Sin embargo, el padre de los aviones no tripulados es sin lugar a duda Nicola Tesla, quien introdujo este concepto en el año de 1898. Posteriormente, en los años 60, durante la guerra de Vietnam el ejército estadounidense utilizó vehículos controlados por radio, repetidamente y en trayectorias circulares, es en ese momento cuando surgen los Drones (zángano).

De acuerdo a los problemas que se tienen actualmente en los espacios rurales de Cali con respeto a las carreteras en mal estado y los desplazamientos largos de un lugar a otro, las pequeñas empresas que requieran domicilios livianos no cuentan con la suficiente infraestructura para prestar el servicio rápido y oportuno. Una solución es facilitar la entrega de estos domicilios por medio de un servicio de transporte como los cuadricopteros, los cuales disminuyen tiempos de entrega, mediante un protocolo de comunicación, una interfaz denominada ardupilot y utilizando una tarjeta arduino (Ar-drone), con los cuales se puede realizar la programación para que el cuadricoptero realice recorridos previamente definidos por operador.

El tipo de Drone que se desea aplicar, debe cumplir con unos aspectos importantes como ser capaz de realizar un vuelo controlado y además tener la capacidad de evadir obstáculos y levantar un peso aproximadamente de 500gramos. De acuerdo a las especificaciones del Drone, optimizará tiempos de entrega, podrá acceder a espacios donde por su dificultad de infraestructura, hace las entregas más lentas. Ante el crecimiento de la ciudad, los domicilios suelen tardar más tiempo e incluso hay sitios hasta los cuales no llega el servicio, ya sea por su ubicación en la ciudad o por los costos de entrega.

Por tal motivo, una de las soluciones para contribuir a la entrega oportuna de servicios de mensajería puede ser la implementación de zánganos con vuelo controlado, capaces de maniobrar fácilmente

2. Objetivos

2.1 Objetivo general

Adecuar un Drone para realizar el control de vuelo inteligente con capacidad de levantar un peso de 500 gramos.

2.2 Objetivos específicos

Aplicar conocimientos sobre programación mediante la tarjeta arduino.

Desarrollar un programa para el control de vuelo del Drone.

Resolver problemas de estabilidad de vuelo mediante matrices de Euler.

3. Justificación

La propuesta de este proyecto pretende adecuar un Drone para realizar un vuelo controlado y que se programe de forma autómata, evitando las variables que influyen en el campo de aplicación. Actualmente esta tecnología no ha sido muy indagada en la universidad e incluso en la región, por tal motivo se propone dejar antecedentes que permitan la exploración y adecuación de este tipo de Drones en el ámbito científico. El impacto que se procura alcanzar, será la implementación de este tipo tecnología en el ámbito social, enriqueciendo la viabilidad de servicios de domicilio, además de contrarrestar los problemas de entrega de este tipo de servicios.

Otras líneas de avance son las que tratan de aumentar la automatización, reduciendo la carga de trabajo y los errores de las tripulaciones en tierra a[1]si como el ancho de banda de radio que se requieran para el control y la transmisión de datos. (Cristina, 2015)

La adecuación de este Drone permitirá implementar una plataforma con la información suficiente para controlar el vuelo, con el plus de desarrollar interés sobre la programación de alta complejidad, capaz de desarrollar habilidades en el marco profesional que contribuyan con el avance del conocimiento a un nivel superior, debido a que las variable a controlar son demasiadas y requieren ser evaluadas cuidadosamente para su interpretación y representación, ya sea gráficamente o de forma simulada por medio de algún software.

4. marco referencial

Para la realización del proyecto ADECUACIÓN TECNOLÓGICA DE UN DRONE PARA CONTROL DE VUELO AUTÓNOMO se realizaron varias consultas de tesis y proyectos de grado que abordan temáticas y objetivos similares, que sirven como marco de referencia para el desarrollo de este proyecto. A continuación se ofrecerá una breve reseña de los trabajos consultados.

La tesis titulada LOS DRONES Y SUS APLICACIONES A LA INGENIERIA CIVIL del año 2015 se consideró como base del estudio, teniendo en cuenta el algoritmo que propone para el desarrollo del proyecto, el cual se implementó en una parte del presente proyecto, la siguiente parte se debe desarrollar para completar las instrucciones y funcionalidades que se desea alcanzar. También se realizaron consultas externas para complementar la adecuación del Drone, pero en teoría su aplicación conceptualiza el trabajo en mención.

La tesis titulada DISEÑO Y CONSTRUCCIÓN DE UN ROBOT TERRESTRE QUE SIRVA DE PLATAFORMA PARA DESARROLLO DE INVESTIGACIONES EN EL ÁREA DE ROBÓTICA MÓVIL EN AMBIENTES ABIERTOS Y CERRADOS, llevó a cabo el diseño y construcción de un robot móvil terrestre, cuya aplicación sirve como plataforma de investigación para la Universidad Autónoma de Occidente" (Linda Solanyi Pérez Ochoa, 2014). Para la realización de dicho proyecto se utilizaron diferentes tipos de software como *solidworks, mastercam y Matlab*. La construcción del robot móvil se realiza utilizando herramientas y máquinas de la Universidad Autónoma de Occidente como el centro de mecanizado CNC, torno y fresadora manual. Todo este proceso se realizó utilizando el método de diseño concurrente, el cual es enseñado en el curso de diseño Mecatrónica de la Universidad Autónoma de Occidente.

4.1.1 Robótica

Según plantea Óscar Díaz Cantos, la robótica es la ciencia que estudia el diseño y la implementación de robots, conjugando múltiples disciplinas, como la mecánica, la electrónica, la informática, la inteligencia artificial y la ingeniería de control, entre otras. Para definirlo en términos generales, un robot es una máquina automática o autónoma que posee cierto grado de inteligencia, capaz de percibir su entorno y de imitar determinados comportamientos del ser humano. Los robots se utilizan para desempeñar labores riesgosas o que requieren de una fuerza, velocidad o precisión que está fuera de nuestro alcance. También existen robots cuya finalidad es social o lúdica.

Los robots se usan en diversos ámbitos y para cumplir tareas variadas: desde los brazos robóticos utilizados en la industria automotriz hasta el novedoso sistema quirúrgico Da Vinci, que permite practicar cirugías de alta complejidad poco invasivas y con una precisión sin precedentes; desde los robots espaciales diseñados para explorar la superficie de planetas desconocidos hasta la aspiradora doméstica Rombo, que realiza la limpieza de manera autónoma, o el *Nano Air Vehicle* (NAV), también llamado nano colibrí, un pájaro utilizado para espionaje militar. Pero quizá los más llamativos sean los androides, que imitan la morfología, el comportamiento y el movimiento de los seres humanos. Uno de los más conocidos en la actualidad es ASIMO, pensado para llevar a cabo labores asistenciales y sociales. Aunque se encuentra en una etapa experimental, ASIMO es capaz de caminar o subir escaleras por sí solo.

4.1.1.1 Historia

La historia de la robótica ha estado unida a la construcción de "artefactos" que trataban de materializar el deseo humano de crear seres semejantes a nosotros que nos descargasen del trabajo. "El ingeniero español Leonardo Torres Quevedo (que construyó el primer mando a distancia para su torpedo automóvil mediante telegrafía sin hilodrecista automático, el primer transbordador aéreo y otros muchos ingenios) acuñó el término automática en relación con la teoría de la automatización de tareas tradicionalmente asociadas a los humanos". (CAPEK Karel, 2014)

Karel Capek, un escritor checo, acuñó en 1921 el término Robot en su obra dramática "Rossum's Universal Robots / R.U.R.", a partir de la palabra checa Robbota, que significa servidumbre o trabajo forzado. El término robótica es acuñado por Isaac Asimov, definiendo a la ciencia que estudia a los robots. Asimov creó también las Tres Leyes de la Robótica. En la ciencia ficción el hombre ha imaginado a los robots visitando nuevos mundos, haciéndose con el poder, o simplemente aliviándonos de las labores caseras. La Robótica ha alcanzado un nivel de madurez bastante elevado en los últimos tiempos, y cuenta con un correcto aparato teórico. Sin embargo, al intentar reproducir algunas tareas que para los humanos son muy sencillas, como andar, correr o coger un objeto sin romperlo, no se ha obtenido resultados satisfactorios, especialmente en el campo de la robótica autónoma. Sin embargo se espera que el continuo aumento de la potencia de los ordenadores y las investigaciones en inteligencia artificial, visión artificial, la robótica autónoma y otras ciencias paralelas nos permitan acercarnos un poco más cada vez a los milagros soñados por los primeros ingenieros y también a los peligros que nos adelanta la ciencia ficción.

Durante la década de 1920 se reavivo el interés en Gran Bretaña sobre los sistemas no tripulados, especialmente por parte de la *Royal Navy*. Así se desarrolló un avión monoplano capaz de llevar una carga de guerra de 114 Kg, a una distancia de 480 Km que hizo su primer vuelo en 1927. Este avión llevaba un sistema de radio-control para los primeros momentos pero luego volaba un plan de vuelo especificado. (Cuerno Rejado, 2015)

4.1.1.2 Aplicaciones de la robótica

El campo de aplicación de la robótica es muy grande, sin embargo, una de las que se puede resaltar tiene que ver con "los robots paralelos cuya estructura mecánica está formada por un mecanismo de cadena cerrada en el que el efector final se une a la base por al menos dos cadenas cinemáticas independientes" (Aracil & Saltaren J., 2006). Lógicamente esta definición puede entrar en conflicto con los desarrollos sobre robots coordinados que también forman cadenas cinemáticas cerradas.

Los robots paralelos simplifican estas cadenas de forma que cada una de ellas dispone, en general de un único actuador, reduciendo así su complejidad y permitiendo canalizar mejor la energía de los accionadores hacia mejorar las prestaciones del robot, bien en cuanto a la velocidad de movimiento o capacidad de carga de su efector (Aracil & Saltaren J., 2006).

En la figura 1se puede observar el funcionamiento de este tipo de robots.

Figura1.

Robots paralelos de 2 y 3 grados de libertad

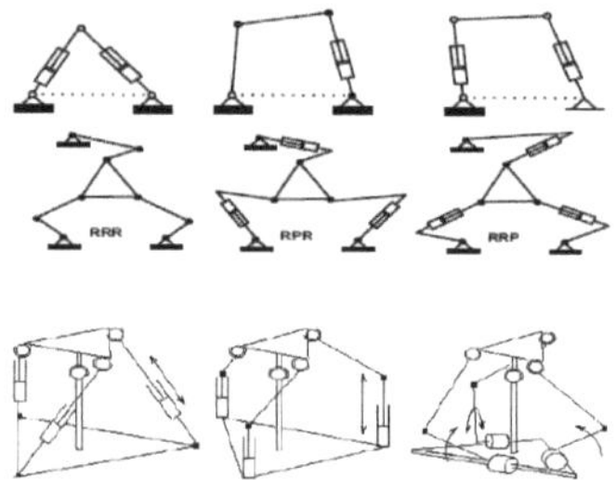

Fuente: Robots paralelos; Maquinas con un pasado para una robótica del futuro. Madrid

Una buena metodología para describir las aplicaciones en que los robots paralelos son utilizados de forma preferente a los robots serie, es la basada en las cualidades específicas que, a nivel de aplicación, se han citado como diferenciadoras entre ellos:

Se ha hablado en este sentido de su elevada capacidad de generar grandes esfuerzos en su extremo, de las grandes velocidades que son capaces de alcanzar, de su precisión de posicionamiento y de su capacidad de variar la forma de su estructura (Aracil & Saltaren J., 2006).

Como manipuladores de grandes cargas, además de los sistemas mostrados en el estudio realizado de la evolución de los sistemas paralelos, como el de la figura 2 para posicionamiento de antenas, con estructuras paralelas se construyen gran variedad de mesas posicionadoras con configuraciones más o menos complejas según la necesidades.

Figura 2.

Mecanismo posicionadoras de antenas parabólicas

Fuente: Robots paralelos; Maquinas con un pasado para una robótica del futuro. Madrid España.

Habitualmente se utilizan en operaciones de mecanizado, montaje de precisión o máquinas de ensayo (Figura 3).

Figura 3.
Mesa posicionadoras Hexabot10.

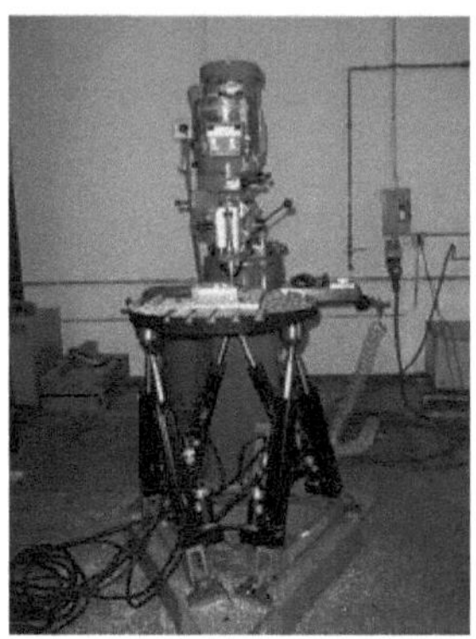

Fuente: Robots paralelos; Máquinas con un pasado para una robótica del futuro. Madrid España.

Estos robots, como plantean Violeta Chinea Mesa y Lidia Abreu Izquierdo, también se utilizan en la mayor parte de los simuladores de vuelo, conducción y sistemas de ocio. La figura 4 muestra una silla para estos sistemas.

Los requerimientos en cuanto a vertibilidad en el posicionamiento de las herramientas en los centros de mecanizado hacen de gran interés el uso de mecanismos paralelos con este fin. Tal es el caso de robot tornado de Hexel (figura 5.)

Figura 4.

Silla *Cyber Air* **Base (C.A.B)**

Fuente: Robots paralelos; Máquinas con un pasado para una robótica del futuro. Madrid España.

Figura 5.

Centro mecanizado Tornado de la compañía *Hexel*.

Fuente: Robots paralelos; Máquinas con un pasado para una robótica del futuro. Madrid España.

Finalmente, y dentro del grupo de aplicaciones de manipulación de grandes cargas, hay que indicar que existen robots paralelos de tipo comercial con este propósito. La figura 6 muestra los desarrollados por Fanuc o ABB.

Figura 6.

Robots Fanuc F100i y ABB 940.

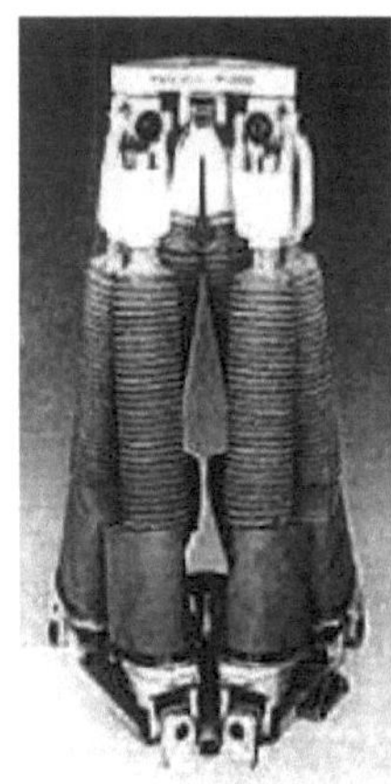

Fuente: Robots paralelos; Máquinas con un pasado para una robótica del futuro. Madrid España.

El otro gran grupo de aplicaciones industriales es el que hace uso de su capacidad de alcanzar grandes velocidades. En efecto si se aligera el extremo del robot, reduciendo por tanto su capacidad de carga en el efector, la energía de los todos los accionadores acumulada en este puede hacer que se alcancen grandes velocidades de movimiento. Los robots comerciales de mayores prestaciones en cuanto a velocidad tienen estructuras paralelas, tal es el caso del ABB 340 o del Robo tenis (Ángel et al., agosto 2005) desarrollado para experimentar en control visual (figura 7.) estos pueden alcanzar velocidades de 2 m/s.

Figura 7.

Robots ABB 40 y Robot *tennis* (UPM)

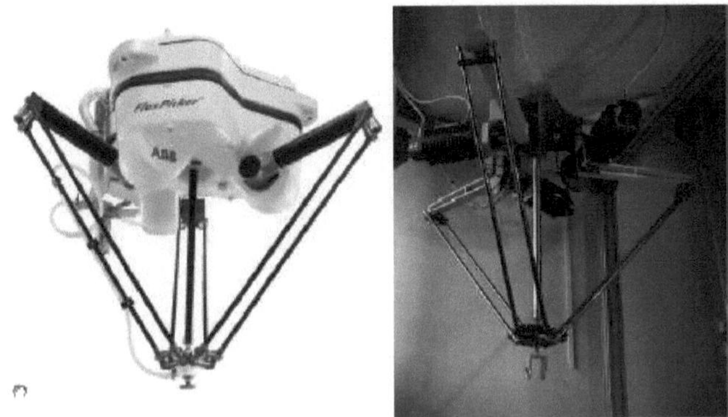

Fuente: Robots paralelos; Máquinas con un pasado para una robótica del futuro. Madrid España.

También, y a nivel industrial se pueden encontrar robots paralelos para aplicaciones que requieren una gran precisión. Los robots paralelos tienen claras ventajas respecto a los series en precisión de posicionamiento, ya que los errores de los accionadores se compensan en lugar de acumularse e incrementarse homotéticamente como ocurre en los serie. "En este sentido el robot manipulador paralelo S.A.M.M. (Figura 8.) Construido por la corporación Hexel anuncia precisiones del orden de 10^{-2} µm" (Aracil & Saltaren J., 2006). Esto no es fácilmente ostensible en robots serie. Robots con este nivel de precisión son cada vez más requeridos para operaciones sobre microsistemas.

Figura 8.

Robots S.A.M.M.

Fuente: Robots paralelos; Maquinas con un pasado para una robótica del futuro. Madrid España.

4.1.1.3 Qué es un drone

Nacidos en un entorno militar, los drones o vehículos aéreos no tripulados son cada vez más comunes en la sociedad del consumo. En poco tiempo estos aparatos tecnológicos han pasado de utilizarse solo como arma en ataques militares a convertirse en un regalo para un niño el día de Navidad. Según (Mesa Chinea & Izquierdo Abreu, 2015) un Drone es casi todo lo que esté en el aire sin un piloto, un globo con un termómetro, un *multicopter* con una cámara *GoPro* o un avión militar portador de misiles. Son "vehículos" que pueden adoptar diferentes formas, y que, dependiendo del modelo, pueden ser dirigidos por control remoto o incluso volar de forma autónoma a través del GPS.

El término genérico que se utiliza para denominar a estos aparatos tecnológicos es Vehículo Aéreo No Tripulado (siglas VANT en español) o *Unmanned Aerial Vehicles* (UAV) en inglés. Técnicamente, los drones y los VANT/UAV son lo mismo, aeronaves no tripuladas por ningún piloto. Sin embargo, es cierto que existen diferentes denominaciones para estos aparatos dependiendo de sus características o utilidades, y es que en el mundo de los vehículos aéreos no tripulados se utilizan infinidad de siglas y palabras, lo cual lleva a la confusión y su incorrecto uso.

Uno de los actuales problemas tanto para expertos, periodistas como para el público en general, es que ningún organismo oficial, indiferentemente del país, ha regulado y definido con propiedad cómo conceptualizar a cada tipo de aparato, lo que origina confusión, e incluso, la elección libre del término a utilizar en el lenguaje de cada autor o persona en particular.

Según los resultados de las investigaciones realizadas por *Tremayne y Clark*, estos dispositivos son denominados de las siguientes formas: *uninhabited aircraft* (UA), *unmanned aereal vehicles* (UAV), *unnmaned aereal systems* (UAS), *remotely piloted aircraft* (RPA) y *remotely piloted vehicles* (RPVs). El análisis de la terminología de la palabra Drone es importante porque sirve para reconocer la mejor manera de cómo el mundo podría hacer referencia a esta actividad. (Flóres Velazquez & Unland Weis, 2014)

Según la Fundación del Español Urgente, la palabra dron (plural drones) se registra en la 23a edición del Diccionario académico, como adaptación al español del sustantivo inglés drones, para referirse a una aeronave no tripulada. Dada la extensión de su uso, el Diccionario de la Lengua Española de la Real Academia Española, ha incluido la forma dron, la cual refleja la pronunciación más extendida del inglés, drones. Sin embargo, en la actualidad este término no figura aún en dicho diccionario, por lo que no existe como tal. A modo de conclusión, y después de haber mostrado todos los datos, podríamos definir que los drones o cualquiera de sus determinaciones se definen como un avión no tripulado, radio-controlado y recuperable. Con esta definición, podremos avanzar en los que a sus habilidades y objetivos se refiere a la hora de utilizar este tipo de Tecnologías.

4.1.2   Sistemas de comunicación

Para explicar el significado de los sistemas de comunicación es necesario conocer el diagrama de bloques como se observa en la Figura 9. Mediante el cual pueden describirse los sistemas de comunicación. Independientemente de cual sea la aplicación en particular, todos los sistemas de comunicación involucran tres subsistemas principales: el transmisor, el canal y el receptor. El mensaje de la fuente está representado por la forma de onda de información de entrada $m(t)$. El mensaje entregado por el receptor utiliza la notación $\dot{m}(t)$. La [~] indica que el mensaje recibido puede no ser el mismo que fue transmitido. Esto es, el mensaje en el receptor $\dot{m}(t)$. Puede distorsionarse por el ruido del canal, o pueden existir otros impedimentos en el sistema como un filtro indeseado o características no lineales indeseadas. La información en el mensaje puede ser analógica o digital, dependiendo del sistema en particular, y puede representar información de audio, de video o de algún otro tipo. En los sistemas multiplexados pueden existir múltiples fuentes de entrada y salida, así como drenajes. Los espectros (o frecuencias) de m (t) y ṁ (t) están concentradas alrededor de f=0 por consecuencia, estas se consideran señales de banda base. (Couch W., 2008)

El bloque de procesamiento de señal en el transmisor condiciona a la fuente para que esta genere una transmisión más eficiente. Por ejemplo, en un sistema analógico el procesador de señal puede ser un filtro pasa bajo que restringe el ancho de banda de m (t). Couch W. (2008) afirma que "en un sistema hibrido, el procesador de señal puede ser un convertidor analógico digital (ADC), el cual produce una palabra digital que representa muestras de la señal analógica de entrada".

En este caso, el ADC en el procesador de señal provee una codificación de fuente de la señal de entrada. Aún más, el procesador de señal puede añadir bits de paridad a la palabra digital para suministrar una codificación de canal tal que el procesador de señal en el receptor puede utilizar la detección y corrección de errores para reducir o eliminar errores de bit causados por el ruido en el canal. La señal a la salida del procesador de señal en el transmisor es una señal de banda base, ya que contiene frecuencias concentradas alrededor de f=0.

Figura 9.

Sistema de comunicación.

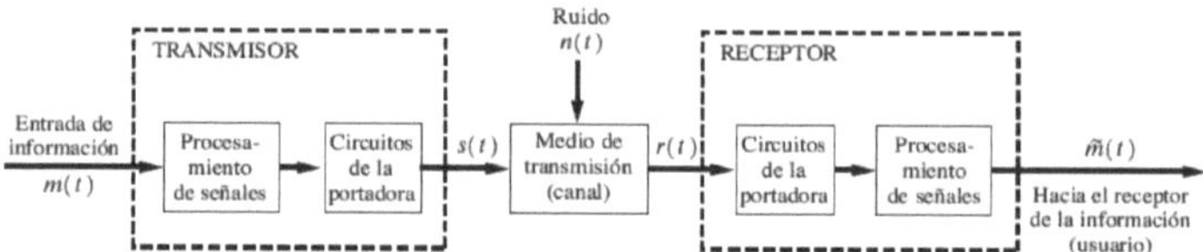

Fuente: Sistemas de comunicaciones digitales y analógicas. Séptima Edición.

4.1.2.1 comunicación inalámbrica

La comunicación inalámbrica es una revolución similar a que protagonizaron en su momento la electricidad, la televisión, el ordenador o las mismas comunicaciones con cable. De acuerdo (Blazquez Prieto, 2010), una de las principales ventajas de esta tecnología es la movilidad, no depender de ningún cable, el hecho de que el punto de entrada en la red de comunicaciones no se conecte a una ubicación fija, genera rapidez en la transmisión y favorece su expansión.

"Internet también se ha beneficiado de esta tecnología, hecho que ha dado paso a lo que se conoce como internet móvil, que permite que dispositivos móviles y personas se conecten a la red desde cualquier lugar y en cualquier momento"[2] (Couch W., 2008).

Los elementos de comunicación se clasifican en los siguientes grupos:

✓ El protocolo de comunicación define el lenguaje y el conjunto de reglas que facilitan la comunicación entre el emisor y el receptor, con el objetivo de que se puedan entender e intercambiar información. Existen muchos protocolos, pero seguramente el más conocido y más extendido entre los ordena-dores es el TCP/IP que utiliza Internet.

✓ La topología define cómo los nodos de comunicación están interconecta-dos entre sí. Las topologías de red más comunes son en bus, estrella, anillo o punto a punto.

✓ La seguridad es el elemento que permite garantizar la confidencialidad, la autenticación y la integridad de los datos.

✓ El medio de transmisión es el elemento que diferencia más claramente las tecnologías de comunicación con hilos de las inalámbricas. Es el medio por el que viaja la señal que transfiere los datos. Actualmente, las comunicaciones con cable (guiadas) utilizan distintos medios de transmisión, entre otros, el par trenzado (UTP[2] o STP[3]), el cable coaxial, la fibra óptica o los cables de alta tensión.

4.1.2.1. El espectro electromagnético

El espectro electromagnético es aquel que se puede propagar en el espacio, según su longitud de onda, como se muestra en la figura 10. Los rangos de frecuencia más utilizados en comunicaciones inalámbricas son:

Figura 10.
Espectro electromagnético.

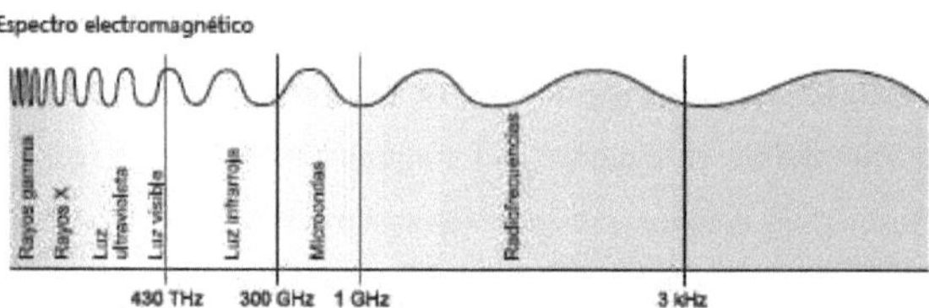

Fuente: Introducción a los sistemas de comunicaciones inalámbricas. Pág. 7.

✓ Infrarrojos (IR). Se utilizan en comunicaciones punto a punto de corto alcance, son muy direccionales y no pueden atravesar obstáculos. Este medio se utiliza habitualmente en el mando a distancia de la televisión y hasta hace unos años era también un sistema de comunicación que se utilizaba a menudo para conectar dispositivos situados el uno al lado del otro. Es el rango de frecuencia más alto para comunicaciones inalámbricas.

✓ Microondas (MW). Este rango de frecuencias es adecuado para transmisiones de largo recorrido (comunicaciones por satélite, comunicaciones terrestres punto a punto como alternativa al cable coaxial o la fibra óptica, y también la mayoría de las tecnologías inalámbricas más habituales que existen actualmente y que explicaremos brevemente en esta asignatura, como UMTS, Bluetooth o WLAN). Las microondas suelen ser direccionales y utilizan una parte del espectro con frecuencias más pequeñas que los infrarrojos.

✓ Radiofrecuencias (RF). Es el rango que utilizan las transmisiones de radio (FM, AM) y televisión digital terrestre (TDT). Las radiofrecuencias son omnidireccionales y pueden atravesar obstáculos sin ningún problema.

Figura11.

Componentes de una Onda.

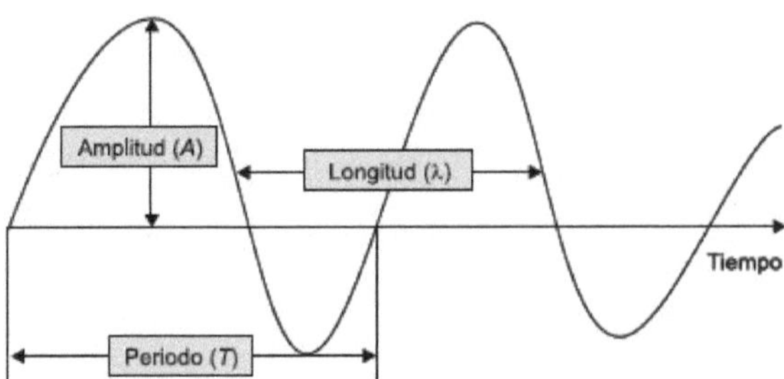

Fuente: Introducción a los sistemas de comunicaciones inalámbricas. Pág. 11.

También es importante conocer las Componentes de una onda (Figura 11) para determinar el concepto básico de las comunicaciones inalámbricas y poder analizar sus alcances y su proyección. Para poder entender las comunicaciones inalámbricas es necesario conocer los conceptos fundamentales que definen una onda electromagnética:

- ✓ Frecuencia (f). Número de oscilaciones por segundo de una onda o señal, se mide en *Hertz*. Una onda que realiza cinco ciclos por segundo tiene una frecuencia de 5 Hz.
- ✓ Período (T). Cantidad de tiempo que tarda una onda en completar un ciclo: $T = 1/f$.
- ✓ Fase (φ). Posición relativa en el tiempo dentro del período simple de una onda.
- ✓ Longitud de onda (λ). Espacio que ocupa un ciclo completo de una onda, medido en metros: $\lambda = c/f$, donde c es la velocidad de la luz en el vacío (aproximadamente $3 \cdot 10^8$ metros/segundo).
- ✓ Amplitud (a). Máximo valor o potencia de una onda en el tiempo, típica-mente medido en voltios o decibelios.

4 .1.3 Sistemas electrónicos de potencia

El desarrollo de grandes fuentes de energía para ejecutar trabajos útiles ha sido la clave del dilatado progreso industrial y parte primordial en la mejora de la calidad de la vida del hombre, pero el proceso de hacer llegar la energía eléctrica desde las fuentes hasta los consumidores, requieren de estructuras cada vez más complejas, denominadas sistemas de potencia. González M. (2008) señala que dicho sistema constituye una red formada por unidades generadoras eléctricas, cargas o líneas de transmisión de potencia, incluyendo el equipo asociado, conectado eléctricamente o mecánicamente a la red, donde el conjunto de elementos que constituyen la red eléctrica de potencia tienen la función de generar, transmitir y distribuir la energía eléctrica hasta los usuarios, bajo ciertas condiciones y requerimientos.

Los sistemas electrónicos de potencia consisten en uno o más convertidores de potencia, que gobiernan la transferencia de energía. El convertidor es el módulo básico en un sistema de potencia. En general, un convertidor controla y moldea la magnitud eléctrica de entrada V_i, frecuencia f_i y número de fases m_i, en una magnitud eléctrica de salida V_o, frecuencia f_o y número de fases m_o. La potencia puede fluir de forma reversible, intercambiándose los papeles entre la entrada y la salida. Es un hecho que la Electrónica de Potencia es una disciplina emergente dentro de la Electrónica. Su utilización se extiende de forma amplia en sectores tales como el residencial, la industria, sector aeroespacial o militar. Recientemente el papel de la electrónica de potencia ha venido ganando un especial significado en relación a la conservación de la energía y el control del medio ambiente. La realidad es que la demanda de energía eléctrica crece con relación directa a la mejora de la calidad de vida.

4.1.4 Sistemas de adecuación de señales

Además de manejar los transductores específicos los dispositivos del condicionamiento de señal realizan una variedad de funciones de condicionamiento de fines generales para mejorar la calidad, la flexibilidad y la confiabilidad de un sistema de medida. Las señales del mundo real son a menudo muy pequeñas en magnitud, el acondicionamiento de señal puede mejorar la exactitud de datos. Los amplificadores alzan el nivel de la señal de entrada de mejorar el ADC (conversor análogo digital), aumentando la resolución y la sensibilidad de la medida: aunque muchos dispositivos de DAQ (adquisición de datos) es un ejemplo de un dispositivo de acondicionamiento de señal, debido a lo simplificadores que tiene. Muchos transductores, tales como termopares, requieren la amplificación adicional.

Otra propiedad importante de los transductores es que producen señales de mil voltios o micro voltios. La amplificación de estas señales de bajo nivel directamente en un dispositivo de DAQ, también amplifica cualquier ruido de las conexiones de la señal. Cuando la señal es pequeña, incluso un pequeño ruido puede perturbar la señal llevando datos erróneos. Un método simple para reducir el de relación Señal/Ruido es amplificar la señal tan cerca a la fuente como sea posible. De esta forma se amplía la señal sobre el nivel de ruidos antes de que el ruido en las conexiones puede corromper la señal y mejore la relación Señal/Ruido de los medidores. Por ejemplo la siguiente Figura 12. Demuestra un termopar de tipo J J-tipo que tiene como salida, una señal de pequeña tensión que varié por cerca de 50µV/°C. (Guiza Arguello, 2009)

Figura 12.

Termopar tipo J

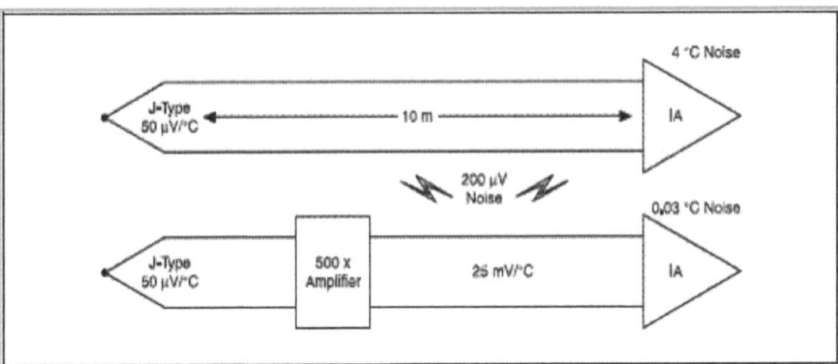

Fuente: tomada del libro

Los sistemas de condicionamiento de señal pueden incluir filtros para rechazar el ruido indeseado dentro de cierta gama de frecuencia de 50 y 60 Hz. Por lo tanto, la mayoría de los sistemas de condicionamiento de señal incluye filtros de paso bajo diseñados específicamente para proporcionar el rechazo del ruido 50 o 60 Hz. "Por ejemplo, el módulo SCXI1125 incluye un filtro de paso bajo con una anchura de banda de 4 hertzios para maximizar el rechazo de 50 o 60 hertzios de ruido (DB 90)"[3].

Los filtros se dividen en 5 grupos: paso bajo, paso alto, sintonizados, eliminadores de banda, y sin atenuaciones. Un filtro de paso bajo ideal no atenúa ninguna señal de entrada de frecuencia en la banda útil, que se definen como todas las frecuencias de paso bajo. Los filtros reales son señales de entrada sujetas a funciones de transferencia matemáticas que aproximan sus características a las de un filtro ideal. Como se puede observar estas características en la figura 13.

Figura 13.

Filtro ideal vs Filtro Real.

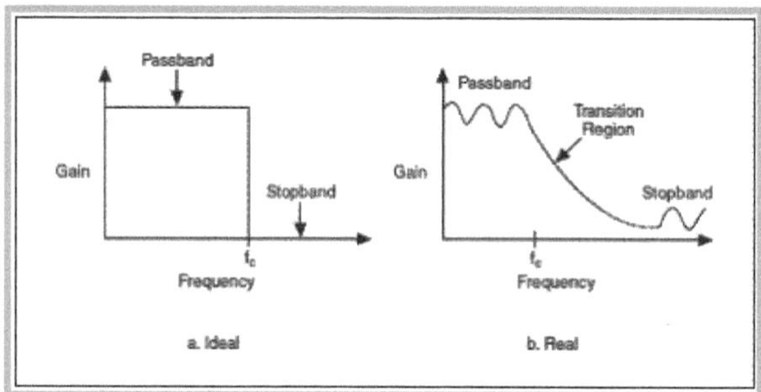

Fuente: tomada del libro Guía de adecuaciones

4.1.5   Sensores y transductores

Un sensor es un dispositivo capaz de detectar diferentes tipos de materiales, con el objetivo de mandar una señal y permitir que continúe un proceso, o bien detectar un cambio; dependiendo del caso que este sea. Es un dispositivo que a partir de la energía del medio, proporciona una señal de salida que es función de la magnitud que se pretende medir.

Dentro de la selección de un sensor se deben considerar diferentes factores, tales como: la forma de la carcasa, distancia operativa, datos eléctricos y conexiones. Asimismo, como afirma Wederango Jiménez (2015), existen otros dispositivos llamados transductores, que son elementos que cambian señales, para la mejor medición de variables en un determinado fenómeno.

Un transductor es el dispositivo que transforma una magnitud física (mecánica, térmica, magnética, eléctrica, óptica, etc.) en otra magnitud, normalmente eléctrica. Un sensor es un transductor que se utiliza para medir una variable física de interés. Algunos sensores y transductores utilizados con más frecuencia son los calibradores de tensión (utilizados para medir fuerza y presión), los termopares (temperaturas), los velocímetros (velocidad). Cualquier sensor o transductor necesita estar calibrado para ser útil como dispositivo de medida. Las calibraciones son el procedimiento mediante el cual se establece la relación entre la variable medida y la señal de salida convertida.

Los transductores y los sensores pueden clasificarse en dos tipos básicos, dependiendo de la forma de la señal convertida: Los transductores analógicos proporcionan una señal analógica continua, por ejemplo voltaje o corriente eléctrica. Esta señal puede ser tomada como el valor de la variable física que se mide. Los transductores analógicos producen una señal de salida digital, en la forma de un conjunto de bits de estado en paralelo o formando una serie de pulsaciones que ser contadas. En una u otra forma, las señales digitales representan el valor de la variable medida. Los traductores digitales suelen ofrecer la ventaja de ser más compatibles con las computadoras digitales que los sensores analógicos en la automatización y en el control de procesos.

4.1.5.1 Sensores de ultrasonido

Los ultrasonidos son antes que nada sonido, exactamente igual que los que se perciben normalmente, salvo que tienen una frecuencia mayor que la máxima audible por el oído humano. Esta comienza desde unos 16 Hz y tiene un límite superior de aproximadamente 20 KHz. El funcionamiento básico de los ultrasonidos como medidores de distancia se muestra de una manera muy clara en el siguiente esquema, donde se tiene un receptor que emite un pulso de ultrasonido que rebota sobre un determinado objeto y la reflexión de ese pulso es detectada por un receptor de ultrasonidos como se muestra en la figura 14. (Méndez Etxeberría & Goicochea Fernández, 2015)

Figura 14.

Funcionamiento sensor ultrasonido

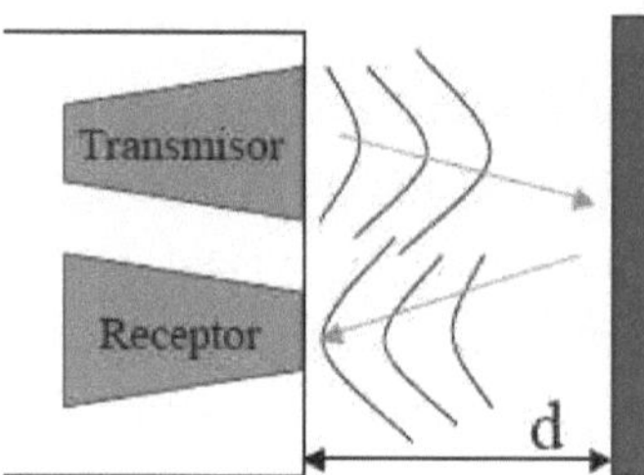

http://www.mundobot.com/tecnica/sonar/spsonar.pdf

La mayoría de los sensores de ultrasonido de bajo coste se basan en la emisión de un pulso de ultrasonido cuyo lóbulo, o campo de acción, es de forma cónica. Midiendo el tiempo que transcurre entre la emisión del sonido y la percepción del eco se puede establecer la distancia a la que se encuentra el obstáculo que ha producido la reflexión de la onda sonora, mediante la fórmula:

$$d = \frac{1}{2}V \cdot t$$

Donde V es la velocidad del sonido en el aire y t es el tiempo transcurrido entre la emisión y recepción del pulso.

4.1.5.2 Sensor Acelerómetro

Los acelerómetros miden el efecto de la fuerza de gravedad sobre ellos mismos, al disponerse tres acelerómetros formando tres ejes ortogonales, el aumento de percepción de gravedad en uno de los ejes indica que se está poniendo en vertical, incidiendo toda fuerza de gravedad sobre él. Como se observa en la figura 15.

Figura 15.
Percepción del acelerómetro en función de su posición respecto al campo gravitatorio

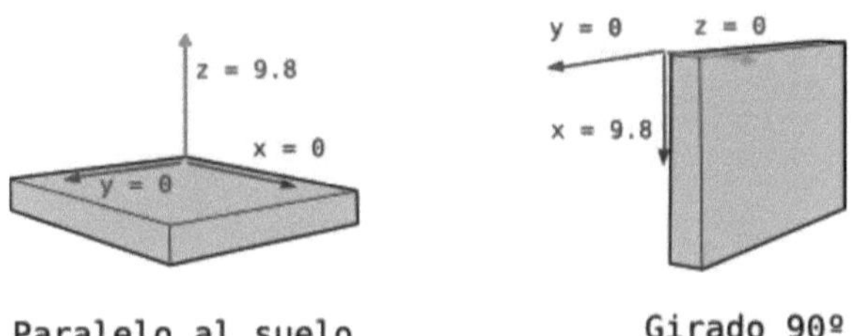

Fuente: Tomada de la siguiente página web http://robologs.net/2014/10/15 tutorial-de-arduino-y-mpu-6050/

El valor que el acelerómetro envía a Arduino es de un rango de números enteros de [-16384, 16384] y la sensibilidad se ajusta mediante programación escribiendo en los registros del controlador.

El ángulo de giro de un eje, vendrá definido por una combinación del peso percibido en cada uno de los 3 ejes. A continuación se va a explicar el procedimiento de cálculo, situación para la que ya se consideran los offsets eliminados; se analiza el procedimiento más adelante.se puede observar en la figura 16.

Figura 16.

Representación del comportamiento del acelerómetro.

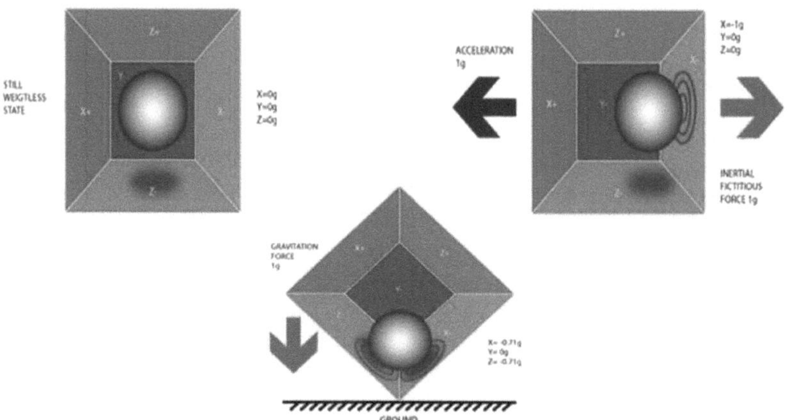

Fuente: tomada de la página web http://diyhacking.com/arduino-mpu-6050-imu-sensor-tutorial

Haciendo uso tan solo del acelerómetro no se puede determinar el giro en el eje Z ya que este giro se producirá con unos valores de X e Y que si el cuadricóptero está perfectamente en horizontal serían 0, y no podríamos extraer ninguna información útil. Para hallar la orientación del eje Z se debe incluir un compás o magnetómetro que tiene el funcionamiento básico de una brújula.

Para el escalado del valor del acelerómetro tan solo hay que tener en cuenta que Arduino saca radianes de la función arcotangente habiendo que multiplicar el resultado por 180/PI para obtener el resultado en ángulos.

A la hora de aplicar un movimiento al dron sin modificar su inclinación, el acelerómetro detecta una modificación en el esfuerzo que percibe por efecto de la gravedad sobre la masa conocida y considera que ha realizado un cambio de inclinación, esto se solucionará con el adecuado uso de un filtro complementario.

4.1.5.3 Sensor Giroscopio

El giróscopo consiste en un aparato que mide la orientación de un objeto en el espacio, fue desarrollado por Foucault en 1852 pero ya habían ideas parecidas desde 1813, con el alemán Johann Bohnenberger a quien se le atribuye el descubrimiento del efecto giroscópico. (Shane Colton.2007)

En aquellas fechas estos aparatos eran puramente mecánicos, grandes y pesados lo que reducía sus aplicaciones al ámbito militar. En los últimos años con el desarrollo de la electrónica y mecánica se han desarrollado giróscopos MEMS, eliminando el problema del tamaño y el peso. (k.ogata. 2003)

El efecto coriolis está presente en todos los cuerpos de rotación, incluida la propia tierra. Este efecto consiste en la distinta percepción del movimiento al observar desde un sistema de referencia rotatorio (no inercial) a un objeto que se encuentra fuera de este sistema de referencia.

La fuerza de coriolis como tal no existe pero es necesario incluirla si deseamos explicar el funcionamiento del sistema con las leyes de Newton. Estrictamente podría decirse que los sistemas inerciales como tal no existen, ya que la propia Tierra es un sistema no inercial al estar girando sobre sí misma, alrededor del Sol, éste respecto a la Vía Láctea, etc. Sin embargo se aceptan ciertas consideraciones para simplificar los cálculos y en la mayoría de ocasiones la tierra se considera un sistema inercial.

Para que las masas perciban el efecto coriolis deben desplazarse, esto se logra aplicando una vibración a las mismas mediante la interacción de campos electromagnéticos. Al actuar el efecto coriolis el recorrido previsto se ve alterado. (A visioli 2006) se puede representar en la figura 17.

Figura 17.

Representación de la variación de posición de las masas internas del giroscopio.

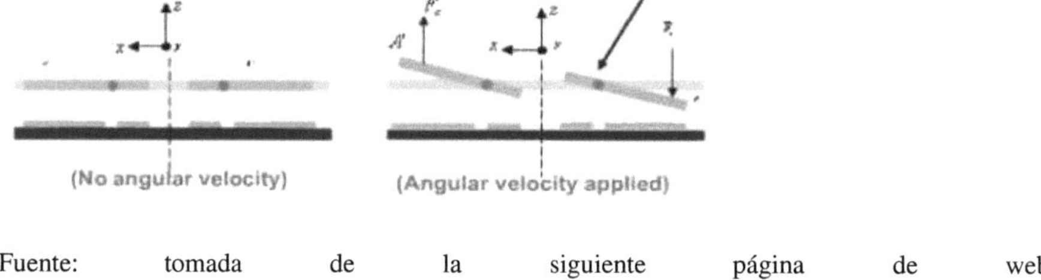

Fuente: tomada de la siguiente página de web
http://www.gte.us.es/ASIGN/SEA/pracs/Eval_Gir_con_datasheet.pdf

Al modificar sus posiciones, estas masas varían su distancia respecto a unos sistemas capacitores que tienen debajo resultando una variación capacitiva que pasa a través de un amplificador operacional para traducirlo a variaciones eléctricas fácilmente cuantificables que finalmente serán traducidas a velocidades de giro.

4.1.5.4 Sensores de calor

En la actualidad hay muchas formas de medir la temperatura con todo tipo de sensores de diversas naturalezas. La ingeniería de control de procesos ha perfeccionado sus tecnologías para disponer de sensores que les ayuden a controlar los cambios de temperatura en procesos industriales la siguiente tabla podría dar una muestra de la gran variedad de dispositivos capaces de medir temperatura.

De acuerdo a lo que se observa en la tabla 1. No están reflejados todos los tipos de sensores de temperatura existentes, si se puede centrar en hablar de unos cuantos verdaderamente extendidos en la industria, y en especial, de los que se pueden utilizar en el circuito electrónico junto con microcontroladores y otros sistemas electrónicos digitales para conseguir unos determinados resultados.

Tabla 1.

Dispositivos de medición de temperatura

DISPOSITIVOS DE MEDICION DE TEMPERATURA			
Eléctricos	**Mecánicos**	**Radiación Térmica**	**Varios**
Termocuplas	Sistemas de dilatación	Pirómetros de radiación	Indicadores de color -lápices -pinturas
Termorresistencia	Termómetros	-Total(banda ancha)	Sondas neumáticas
Termistores	vidrio	-Óptico	Sensores ultrasónicos
Diodos	Con líquidos	-pasa banda	Indicadores piro métricos
Sensores de silicio		-Relación	Termómetros acústicos Cristales líquidos
Con efecto resistivo	Termómetros Bimetálicos	Termómetros infrarrojos	Sensores Fluidos Indicadores de
			huminiscencia (termografía)

Fuente: Realización propia

En los sensores de temperatura se destaca un grupo importante cuando se quiere realizar algún tipo de análisis en particular. Las termocuoplas son los sensores de temperatura eléctrica más utilizados en la industria. Una termocupla se hace con dos alambres de distinto material unidos en un extremo. Al aplicar la temperatura en la unión de los metales se genera un voltaje muy pequeño, del orden de los milivoltios, el cual aumenta con la temperatura, de acuerdo con el autor ARAGONES BAUSA Jesús 2.

Figura 18.

Termocupla

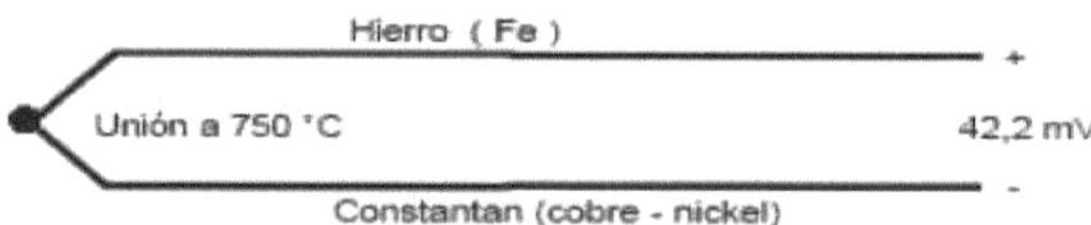

Fuente: tomada de la tesis Sensores de Temperatura. Pág. 5

Estos dispositivos suelen ir encapsulados en vainas, para protegerlos de las condiciones extremas en ocasiones del proceso industrial que tratan de ayudar a controlar, por ejemplo suelen utilizarse acero inoxidable para la vaina, de manera que en un extremo está la unión y en el otro el terminal eléctrico de los cables, protegido adentro de una caja redonda de aluminio (cabezal). Además, según la distancia, a los aparatos encargados de tratar la pequeña señal eléctrica de estos transductores, también deben utilizarse cables compensados para transporta esta señal sin que modifique o la modifique de una manera fácilmente reconocible y reversible para los dispositivos de tratamiento de la señal. También se da el caso de que los materiales empleados en la termocupla como el platino puro, hagan inviable económicamente extender la longitud de los terminales de medición de la termocupla.

Los termistores son mucho más económicos que las RTD son los termistores, aunque no son lineales son mucho más sensibles, compuestos de una mezcla sintetizada de óxidos metálicos, el termistor es esencialmente un semiconductor que se comporta como un resistor térmico. Se pueden encontrar en el mercado con la denominación NTC (*Negative Temperature Coefcient*) habiendo casos especiales de coeficiente positivo cuando su resistencia aumenta con la temperatura y se los denomina PTC (*Positiver Temperature Coefcient*).

En algunos casos, la resistencia de un termistor a la temperatura ambiente puede disminuir hasta 6 % por cada 1°C de aumento de temperatura. Esta elevada sensibilidad a variaciones de temperatura hace que el termistor resulte muy adecuado para mediciones precisas de temperatura, utilizándoselo ampliamente para aplicaciones de control y compensación en el rango de 150 ℃ a 450 ℃.

Los termistores sirven para la medición o detección de temperatura tanto en gases, como en líquidos o sólidos. A causa de su muy pequeño tamaño, se los encuentra normalmente montados en sondas o alojamientos especiales que pueden ser específicamente diseñados para posicionarlos y protegerlos adecuadamente cualquiera sea el medio donde tengan que trabajar.

La termoresistencia trabaja según el principio de que a medida que varía la temperatura, su resistencia se modifica y la magnitud de esta modificación puede relacionarse con la variación de temperatura. Tienen elementos sensitivos basados en conductores metálicos, que cambian su resistencia eléctrica en función de la temperatura. Este cambio en resistencia se puede medir con un circuito eléctrico, que consiste de un elemento sensitivo, una fuente de tensión auxiliar y un instrumento de medida.

Los dispositivos RTD más comunes están construidos con una resistencia de platino (Pt), llamada también PRTD, que es el material más estable y exacto. La relación resistencia temperatura correspondiente al alambre de platino es tan reproducible que la termorresistencia de platino se utiliza como estándar internacional de temperatura desde -260 ℃ hasta 630 ℃. también se utilizan otros materiales fundamentalmente níquel, níquel-hierro, cobre y tungsteno. Típicamente tienen una resistencia entre 20Ω y $20K\Omega$ la ventaja más importante es que son lineales dentro del rango de temperatura entre 200 ℃ y 850 ℃.

4.2   Marco contextual

La adecuación del Drone se realizará inicialmente en un terreno de prueba donde se pueda realizar el vuelo controlado sin tener problemas de permisos o de algún otro tipo. Para estas pruebas iniciales, el lugar escogido ha sido la sede sur de la Institución Universitaria Antonio José Camacho en el área de las canchas, ya que cuenta con el espacio suficiente para las maniobras del Drone. Mediante las pruebas se pretende evaluar la capacidad del Drone para resolver problemas de obstáculos que debe de manipular y trazar vuelos dirigidos o controlados.

Es importante aclarar que existen varios tipos de control, tales como lógica difusa, diseño asistido, entre otras; el que se utilizará para el desarrollo del dron será control PID, donde utilizarán herramientas como Matlab y ardupilot para la utilizara las librerías de arduino necesarias para el control PID.

Para encontrar los valores de control en los sistemas aerodinámicos y debido a las multivariables que se presentan por las características no lineales, se resuelve por teoremas de ecuaciones de Euler – Langrage, las cuales se desarrollarán más adelante y serán determinantes en la realialización del control para el equilibrio en el dron.

Existen autores que plantean cada variable medida (ángulo, velocidad y posición) como un estado del sistema, por lo tanto un control por realimentación de estados resulta conveniente ("Control de un Cuadricóptero para seguimiento de un móvil," 2013). La versión sofisticada de estos controladores es el Regulador Lineal Cuadrático (*LQR*), el cual ha sido utilizado en varios proyectos. Estos son robustos y producen un pequeño error en estado estable. Debido a que esta técnica de control es lineal y el sistema a controlar presenta varias características no lineales, al introducir fuertes perturbaciones no es capaz de estabilizarlo (Argentim y col., 2013; Hoffmann y col., 2007; Sevilla, 2014).

En otros trabajos se plantea un controlador *LQR* con estados dependientes, donde se linealiza el espacio de estados para cada condición de vuelo, calculando las ganancias del controlador *LQR* para cada estado. Esto le da mucha más autonomía al vehículo al no estar restringido a un vuelo prácticamente estacionario (Bouabdallah, 2004).

Algunos autores plantean una versión del controlador *LQR* conocida como "*LQ* servo" o *LQR* con entrada de referencia. Este controlador presenta buena robustez y logra el seguimiento de valores de referencias. Asegura un control óptimo pues al igual que el *LQR* clásico, las ganancias que se realimentan junto con las variables de estados se obtienen mediante la minimización de una función de costo cuadrático (Ogata, 2010).

4.3 Armado del drone

El primer aspecto que se debe tener en cuenta es la estructura que se va seleccionar para el montaje de la tarjeta APM 2.5. Para este caso se escogió la siguiente estructura, que permita el acople de los motores y la batería.

Figura 19.
Estructura Drone S500

Fuente: Realización propia

Se procede con el ensamblaje del dron S500 para realizar pruebas de vuelo, se conecta motores y variadores de velocidad ESC, se colocan componentes adicionales, modulo GPS.

Figura 20.

Estructura ensamblada del Drone S500

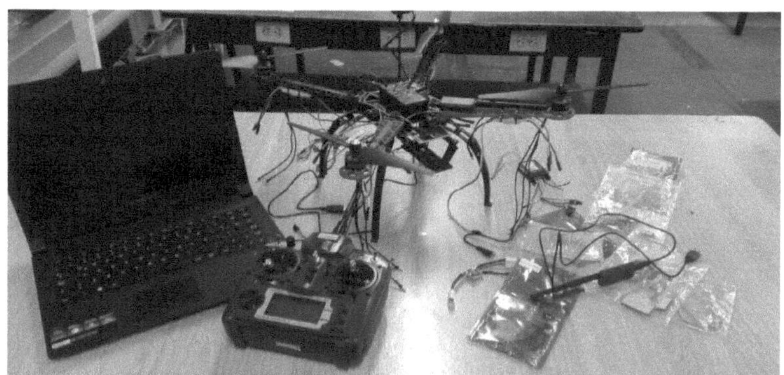

Fuente: Realización propia

Después de armar la estructura se procede con el montaje de los motores BRUSHLESS y los variadores de velocidad (ESC), igualmente las hélices para Dron se ubican de acuerdo al sentido preestablecido.

Figura 21.

Estructura cableada del Drone S500

Fuente: Realización propia.

Se verifican las conexiones de la tarjeta tanto el positivo (+) como el negativo (-), así como la alimentación de la batería de Lipo; se ajustan conectores de los ESC a la tarjeta APM 2.5 con su respectiva salida del PWM y, previamente configurado en el código, también se ajustan los bornes de la salida del tarjeta impresa para corroborar los voltajes suministrados por la batería

Figura 22.

Estructura cableada del Drone S500 recalibraciones

Fuente: Realización propia

Se procede con la alineación de los cuatro motores BRUSHLESS para la sincronización de la estructura del Dron S500 y se conectan los ESC (variadores de velocidad en las OUTPUT 1, 2,3 y 4 de la tarjeta APM 2.5 para realizar prueba de encendido de motores.

Figura 23.

Funcionamiento tarjeta APM2.5

Fuente: Realización propia

Después del armado del Dron, se realizan ensayos con los motores y los PWM, donde se establecen los primeros valores para el encendido de los cuatro motores, se verifica el sentido de las hélices de acuerdo al sugerido, como se muestra en la figura 23.

Figura 24.

Esquemático tarjeta APM2.5 entradas y salidas.

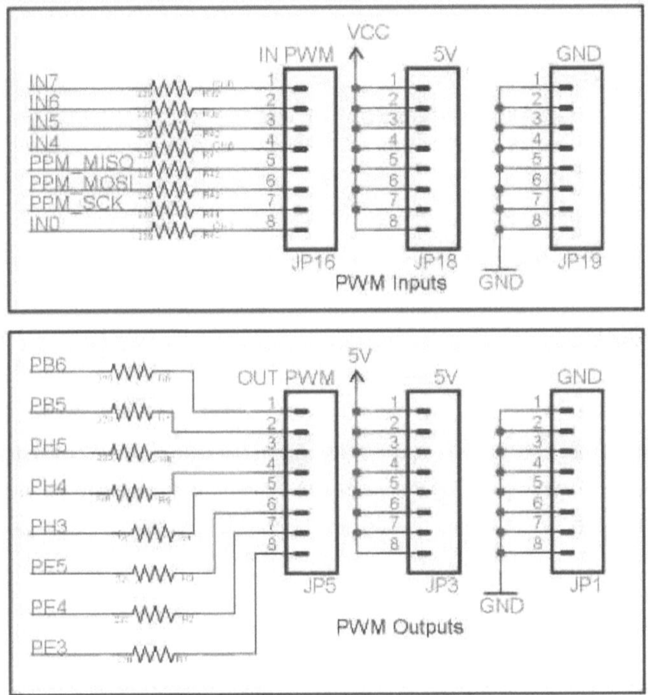

Fuente: página web ardupliot.

Identificando los pines del PWM Outputs se puede proceder a aplicar el desarrollo del código que va a permitir la calibración de los motores; en este aspecto también se debe tener en cuenta el voltaje que entrega cada pin a la tarjeta de programación APM 2.5. Como se muestra en la figura 24.

Figura 25.

Esquemático tarjeta APM2.5 giroscopio.

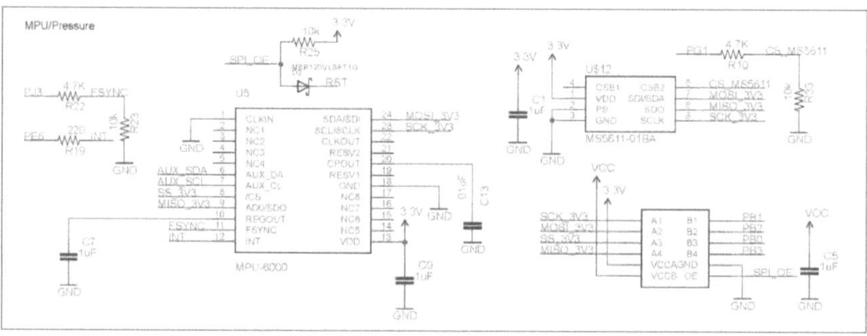

Fuente: página web ardupliot.

Por medio del esquemático del MPU6000 es posible identificar las salidas para leer los datos del giroscopio, acelerómetro y leerlos por código para aplicar un diseño confiable que permita la adquisición de datos de la forma planeada para la configuración del Dron. Como se muestra en la figura 25.

5. El método de Euler de la dinámica de los cuerpos rígidos

El método de la dinámica de Langrange es aplicable a un gran conjunto de problemas de partículas y de cuerpos rígidos que abarca desde los más sencillos hasta los más complejos. Las ventajas de este procedimiento sobre los métodos convencionales, por las razones que se indican a continuación, son de gran importancia. Esto es válido no solamente en el amplio campo de las aplicaciones sino también en una gran área de la investigación y de las consideraciones teóricas.

En gran parte, el método de Langrange reduce todo el campo de la estática, de la dinámica de las partículas y de la dinámica de los cuerpos rígidos a un solo procedimiento que implica las mismas etapas básicas, independientemente del número de masas consideradas, del tipo de coordenadas empleadas, del número de restricciones sobre el sistema y de que las restricciones y el marco de referencia estén o no en movimiento. Por tanto, los métodos especiales se reemplazan por un método general único.

El procedimiento de Langrange está basado, en gran parte, en magnitudes escalares, energía cinética, energía potencial, trabajo virtual y en muchos casos en funciones. Todas ellas pueden expresarse generalmente sin ninguna dificultad en cualquier sistema de coordenadas adecuado. Desde luego, la naturaleza vectorial de la fuerza, la velocidad y la aceleración debe tenerse en cuenta en los problemas de dinámica.

Los ángulos de Euler constituyen un conjunto de tres coordenadas angulares que sirven para especificar la orientación de un sistema de referencia de ejes ortogonales, normalmente móvil, respecto a otro sistema de referencia de ejes ortogonales normalmente fijos. El cual se utiliza para el código figura 27 y figura 28

Fueron introducidos por **Leonhard Euler** en mecánica del sólido rígido para describir la orientación de un sistema de referencia solidario con un sólido rígido en movimiento.

Dados dos sistemas de coordenadas xyz y XYZ con origen común, es posible especificar la posición de un sistema en términos del otro usando tres ángulos (α, β, γ) de tres maneras equivalentes, como sigue:

La definición es Estática, de acuerdo con el esquema adjunto:

- α es el ángulo entre el eje x y la línea de nodos.
- β es el ángulo entre el eje z y el eje Z.
- γ es el ángulo entre la línea de nodos y el eje X.
- La intersección de los planos coordenados xy y XY se llama línea de nodos.

Peso del Dron S500. Estos datos se utilizan para el código figura 26.

$$850g * 4 = 3400g$$

Divido en 2

$$Total peso = 1700g$$

I=20A   750Kv

$$20A * 4 = 80A$$

4 Numero de motores

$$ESC = (1.2) * (23.2) = 27.84$$

ESC (variadores velocidad)

$$20A * 1.2 = 24A$$
$$20A * 1.5 = 30A$$

Figura 26.
Código del giroscopio.

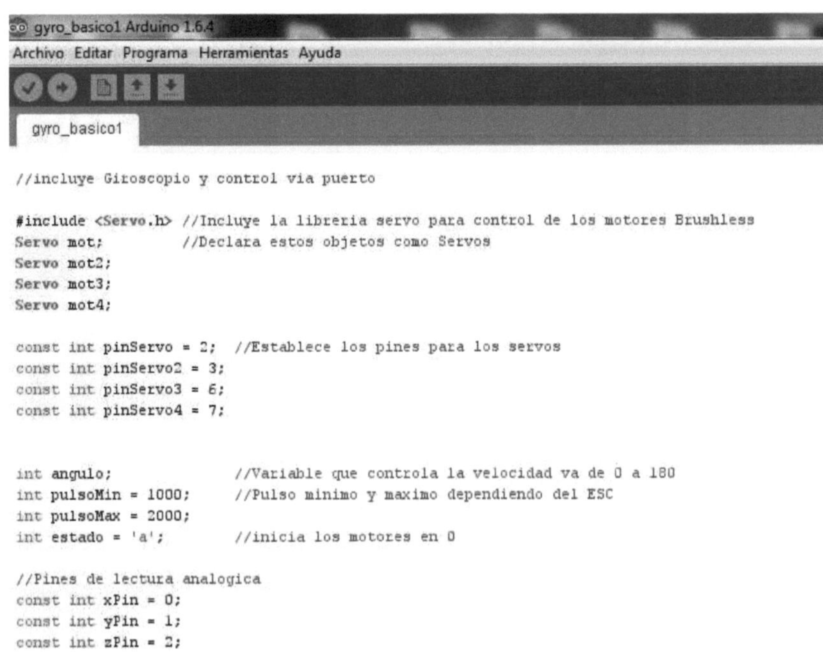


```
//incluye Giroscopio y control via puerto

#include <Servo.h> //Incluye la libreria servo para control de los motores Brushless
Servo mot;          //Declara estos objetos como Servos
Servo mot2;
Servo mot3;
Servo mot4;

const int pinServo = 2;   //Establece los pines para los servos
const int pinServo2 = 3;
const int pinServo3 = 6;
const int pinServo4 = 7;


int angulo;              //Variable que controla la velocidad va de 0 a 180
int pulsoMin = 1000;     //Pulso minimo y maximo dependiendo del ESC
int pulsoMax = 2000;
int estado = 'a';        //inicia los motores en 0

//Pines de lectura analogica
const int xPin = 0;
const int yPin = 1;
const int zPin = 2;
```

Fuente: Realización propia

Figura 27.
Código de vuelo con corrección de Angulo.

```
gyro_basico1 Arduino 1.6.4
Archivo  Editar  Programa  Herramientas  Ayuda

  gyro_basico1
   mot.write(angulo);
   mot2.write(angulo);
   mot3.write(angulo);
   mot4.write(angulo);
    }

   if (y<ymin && z>zmax ){              //Detecta y corrige una inclinacion hacia mot4
      angulo2=angulo;
      angulo2+4;
      mot4.write(angulo2);
   }
    if (x<xmax && y<ymin && z<zmin){   //Detecta y corrige una inclinacion hacia mot3
      angulo3=angulo;
       angulo3+4;
      mot3.write(angulo3);
   }
    if (x>xmin && y>ymax && z>zmax){   //Detecta y corrige una inclinacion hacia mot2
       angulo4=angulo;
      angulo4+4;
      mot2.write(angulo4);
   }
     if ( y>ymax && z<zmin){            //Detecta y corrige una inclinacion hacia mot2
        angulo5=angulo;
    angulo5+4;
      mot.write(angulo5);
   ʼ
```

Fuente: Realización propia

Figura 28.

Código de vuelo giroscopio y barómetro.

```
barom_feb23a

#include <AP_Common.h>
#include <AP_Math.h>
#include <AP_Param.h>
#include <AP_Progmem.h>
#include <AP_ADC.h>
#include <AP_InertialSensor.h>
#include <AP_HAL.h>
#include <AP_HAL_AVR.h>

const AP_HAL::HAL& hal = AP_HAL_AVR_APM2;   // define el hardware APM 2.X
AP_InertialSensor_MPU6000 ins; // Define el giroscopio MPU6000

//Definimos variables para guardar el valor de los angulos de euler
float roll;
float pitch;
float yaw;

void setup()
{
// Detenemos el barometro para evitar problemas de comunicacion
hal.gpio->pinMode(40, GPIO_OUTPUT);
hal.gpio->write(40, 1);


// Iniciamos el giroscopio MPU6050
ins.init(AP_InertialSensor::COLD_START,
                        AP_InertialSensor::RATE_100HZ,
                        NULL);
```

Fuente: Realización propia

Con el código del Barómetro es posible leer los datos que arroja el giroscopio y el acelerómetro, lo cual permite controlar las variables X,Y y Z, acción que es fundamental en el vuelo autónomo de cualquier drone y básico en un sistema de control PID. Figura 29 y figura 30

Figura 29.

Código de vuelo con parámetro del PID.

```
pid_balance §
#include <Servo.h>

unsigned long milis=0;
unsigned long tiempo=0;
Servo right_prop1;
Servo left_prop1;
Servo right_prop2;
Servo left_prop2;
/*MPU-6000 le proporciona datos de 16 bits, por lo que debe crear algunas constantes
 * de 16 int para almacenar los datos de aceleracion y giro*/

int16_t Acc_rawX, Acc_rawY, Acc_rawZ,Gyr_rawX, Gyr_rawY, Gyr_rawZ;
float Acceleration_angle[2];
float Gyro_angle[2];
float Total_angle[2];
float elapsedTime, time, timePrev;
int i;
float rad_to_deg = 180/3.141592654;

float PID, pwmLeft, pwmRight, error, previous_error;
float pid_p=0;
float pid_i=0;
float pid_d=0;
/////////////////PID CONSTANTS/////////////////
double kp=3.55;//3.55
double ki=0.005;//0.003
double kd=2.05;//2.05
/////////////////////////////////////////////
```

Fuente: Realización propia

Figura 30.

Código de vuelo con PWM.

```
pid_balance §
Wire.write(0x68);
Wire.write(0);
Wire.endTransmission(true);
Serial.begin(250000);
right_prop1.attach(3); //attatch the right motor to pin 1
left_prop1.attach(2);  //attatch the left motor to pin 2
right_prop2.attach(7); //attatch the right motor to pin 1
left_prop2.attach(6);  //attatch the left motor to pin 2

time = millis(); //comienza a contar el tiempo en milisegundos
/*Para iniciar los ESCs tenemos que enviar un valor minimo
 * de PWM antes de conectar a la bateria. de otra manera
 * los ESCs no se iniciaran ni entraran en modo de configuracion.
 * valor minimo 1000us y maximo 2000us*/
left_prop1.writeMicroseconds(1100);
right_prop1.writeMicroseconds(1100);
 left_prop2.writeMicroseconds(1100);
right_prop2.writeMicroseconds(1100);
delay(7000); /* 7s para conectarse*/

}

void loop() {

    timePrev = time;   // el tiempo anterior se almacena antes del tiempo real
    time = millis();   // lee tiempo actual
    elapsedTime = (time - timePrev) / 1000;
```

Fuente: Realización propia

La parte integral debería actuar solo si se está cerca de la posición deseada, pero si se quiere ajustar el error, se debe considerar la operación "if" para un error entre -2 y 2 grados. Para integrarlo solo se suma el valor integral anterior con el error multiplicado por la constante integral De este modo se integrará y aumentará el valor de cada ciclo hasta que se llegue al punto 0.

La última parte es la derivada. El derivado actúa sobre la velocidad del error. Como se sabe, la velocidad es la cantidad de error que se produce en una cierta cantidad de tiempo dividido por este tiempo; para realizarlo se usa la variable llamada "PREVIOUS_ERROR", se resta ese valor del error real y se divide todo por el tiempo transcurrido. Finalmente se multiplica el resultado por la constante derivada.

Conforme a los cálculos obtenidos el valor mínimo de la señal PWM es 1000uS y el valor máximo es 2000uS, de modo que el valor PID puede oscilar de -1000 y 1000, porque cuando tiene un valor de 2000uS el valor máximo que podría sintetizar es 1000 y cuando se tiene un valor de 1000uS para la señal PWM, el valor máximo que se podría agregar es 1000 para alcanzar los 2000uS.

Nuevamente se mapean los valores PWM para asegurar no pasar el valor mínimo y los valores máximos; después de calcular los valores PID mediante el modelo matemático de las ecuaciones de movimiento de Euler, se pueden realizar las traslaciones, por ejemplo para el valor de aceleración de 1300, se le suma el valor máximo del PID, se obtiene un valor de 2300 y eso causaría deterioro con los variadores de velocidad (ESC). Por otro lado, el MPU-6050 le proporciona datos de 16 bits, por lo que se deben crear unas constantes de 16 int para almacenar los datos de aceleración y giro.

5.1. Análisis matemático de Dron

El método de la dinámica de Langrage es aplicable a un gran conjunto de problemas de partículas y de cuerpos rígidos que abarca desde los más sencillos hasta los más complejos. Las ventajas de este procedimiento sobre los métodos convencionales, por las razones que se indican a continuación, son de gran importancia. Esto es válido no solamente en el amplio campo de las aplicaciones sino también en una gran área de la investigación y de las consideraciones teóricas.

En gran parte el método de Langrage reduce todo el campo de la estática, de la dinámica de partículas y de la dinámica de los cuerpos rígidos a un solo procedimiento que implica las mismas etapas básicas, independientemente del número de masas consideradas, del tipo de coordenadas empleadas, del número de restricciones sobre el sistema y de que las restricciones y el marco de referencia estén o no en movimiento, por tanto los métodos especiales se reemplazan por un método general único.

El modelo matemático del Dron es realizado basado en las siguientes consideraciones: el Dron es un cuerpo sólido en tres dimensiones, sujeto a una fuerza principal y tres momentos como lo muestra la figura 1. Su centro de masa es localizado en el centro del vehículo, los efectos giroscópicos son cancelados debido a la disposición de sus hélices, y los efectos externos por rozamiento con el aire son despreciables. El modelo es obtenido a partir de las ecuaciones de Euler-Lagrange (Velasco, 2010)

Figura 31.

Fuerzas y momentos del drone.

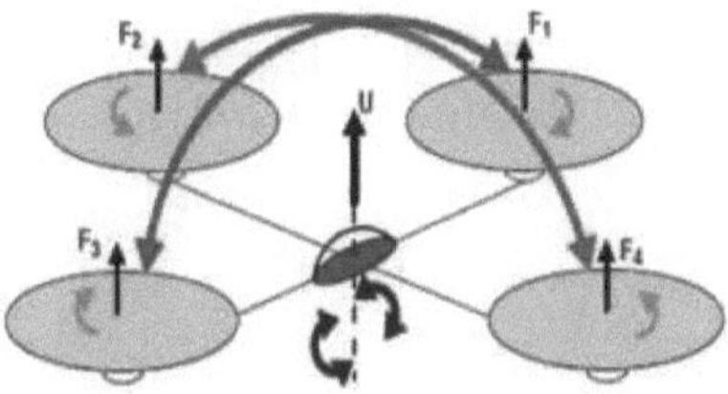

Fuente: COUCH W. León. Sistemas de comunicaciones digitales y analógicas

5.1.1 Principales estrategias de control reportadas en la literatura.

En el mundo actual, son diversos los estudios y las estrategias de control implementadas para aplicarlas en los *UAV*, específicamente Quadrotores. A continuación se hace una revisión bibliográfica de trabajos realizados en los últimos años con respecto al tema, en lo que se aplica tanto la teoría de control clásico *PID* (Proporcional Integral Derivativo), como estrategias avanzadas y control no lineal.

5.1.2 Control PID.

Algunos autores han utilizado el controlador *PID* para control de posición y altura. Estos son simples, fiables y pueden producir respuestas con tiempos de subida pequeños, pero tiene como inconveniente que puede generar un valor alto de sobrecresta. Con estos controladores no se logran maniobras agresivas y no tienen un buen desempeño ante fuertes disturbios (Vidal, 2016).

En algunas investigaciones aplican índices de desempeño obtenido por el método de sintonización *ITAE* (Integral del error absoluto ponderado en el tiempo) en un controlador *PID*. La respuesta que se obtiene es rápida, pero la teoría del *PID* clásico no desarrolla un controlador lo suficientemente robusto para este tipo de aplicaciones (Argentim y col., 2013).

Como alternativa se implementa una estructura de control en cascada (posición-velocidad) para el control de altura. El lazo externo (velocidad) posee un controlador *PID* donde su salida es una velocidad deseada, basada en la referencia de altura. Esta velocidad deseada es usada por el lazo interno donde un controlador *PI* (Proporcional Integral) calcula el cambio necesario en la aceleración de los motores (Fogelberg, 2013).

En el *"Swiss Federal Institute of Technology"* fue utilizado un *PID* para estabilizar la posición de un cuadricóptero. Para su diseño se linealiza el modelo en un único punto de equilibrio, que corresponde al vuelo estacionario. En presencia de perturbaciones lo suficientemente significativas como para alejarlo de su punto de equilibrio el vehículo no era capaz de recuperar su posición anterior. Este tipo de controlador podría ser más práctico si se utilizan múltiples puntos de linealización en vez de uno solo (Sevilla, 2014).

Otros autores plantean que los controladores *PID* pueden desempeñar un modo de vuelo seguro y fiable, no siendo necesario empotrar una teoría de control compleja (Silva y col., 2016).

5.1.3 Estrategias avanzadas de control.

Existen autores que plantean cada variable medida (ángulo, velocidad y posición) como un estado del sistema, por lo tanto un control por realimentación de estados resulta conveniente ("Control de un Cuadricóptero para seguimiento de un móvil," 2013). La versión sofisticada de estos controladores es el Regulador Lineal Cuadrático (*LQR*), el cual ha sido utilizado en varios proyectos. Estos son robustos y producen un pequeño error en estado estable. Debido a que esta técnica de control es lineal y el sistema a controlar presenta varias características no lineales, al introducir fuertes perturbaciones no es capaz de estabilizarlo (Argentim y col., 2013; Hoffmann y col., 2007; Sevilla, 2014).

En otros trabajos se plantea un controlador *LQR* con estados dependientes, donde se linealiza el espacio de estados para cada condición de vuelo, calculando las ganancias del controlador *LQR* para cada estado. Esto le da mucha más autonomía al vehículo al no estar restringido a un vuelo prácticamente estacionario (Bouabdallah, 2004).

Algunos autores plantean una versión del controlador *LQR* conocida como *"LQ* servo" o *LQR* con entrada de referencia. Este controlador presenta buena robustez y logra el seguimiento de valores de referencias. Asegura un control óptimo pues al igual que el *LQR* clásico, las ganancias que se realimentan junto con las variables de estados se obtienen mediante la minimización de una función de costo cuadrático (Ogata, 2010).

Sevilla Fernández (2014) propone un control por linealización en la realimentación. La principal ventaja de este es que la linealización y sus controladores son más sencillos de implementar que el sistema no lineal completo. Esto da lugar a una mayor velocidad de cálculo, aunque requiere obtener una estimación con la suficiente precisión de todas las variables de estado.

Otra estrategia para el control de altura es el control adaptativo. Una ventaja importante es que no necesita diferentes análisis matemáticos para definir los coeficientes apropiados, adaptándose con nuevas condiciones y variaciones en la dinámica del sistema. Por otro lado, no garantiza el alcance de los coeficientes adecuados. El otro problema es que el valor de la razón de aprendizaje es un reto importante, porque un valor bajo retarda el movimiento para los coeficientes adecuados y el controlador no puede adaptarse rápidamente, y un valor alto puede conducir a un control infiel (Fatan y col., 2013).

Los *Controladores de Lógica Fuzzy* (por su siglas en inglés *FLC*) son muy útiles en presencia de sistemas que tienen un grado alto de no linealidad. Estos son estables y presentan respuestas con bajo valor de sobrecresta, aunque esto trae consigo tiempos de subida más lentos. La desventaja de los controladores *FLC* es que necesitan mucha información para compensar la no linealidad cuando los parámetros cambian. El propósito es diseñar un sistema de control para un Quadcopter con la combinación de los enfoques del *PID* y *FLC* (Analia y Song, 2016; Cheong, 2007; Khadija y col., 2015).

Entre los diferentes métodos que están siendo estudiados se puede mencionar algunos trabajos importantes: *Back-Stepping* (Madani, 2006.), control no lineal *H∞* (Raffo, 2009;Voos, 2009), filtro de Kalman (Jun, 1999), control no lineal basado en la teoría de Lyapunov (Bouabdallah, 2005), control *Fuzzy* adaptativo y controlador inteligente (Coza, 2006).

6. Modelo no lineal del vehículo.

En este epígrafe se muestran las ecuaciones de estado de velocidad angular, velocidad lineal y posición, que describen el comportamiento del Quadcopter. En la tabla 2 se muestra un resumen de las principales variables utilizadas en el desarrollo del presente capítulo y los sistemas de referencia adoptados se muestran en la figura 31.

Figura 32.

Registro topográfico ardupilot

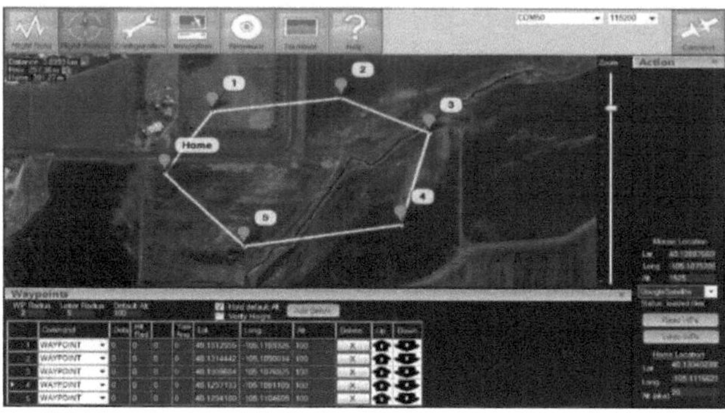

Fuente: propia de la plataforma ardupilot

Tabla 2. Variables utilizadas para representar el movimiento de estos vehículos.

Movimiento	Velocidades	Posiciones
Avance	u	x
Desplazamiento lateral	v	y
Desplazamiento vertical	w	z
Balanceo	p	ϕ
Cabeceo	q	θ
Rumbo	r	ψ

Fuente: Realización propia

Matriz de inercia:

Un elemento importante del sistema es la matriz de inercia cuya ecuación general se muestra en la ecuación 6.1; pues describe el momento de inercia de la masa del vehículo a través de los ejes coordenados.

$$J^b = \begin{bmatrix} J_{xx} & 0 & 0 \\ 0 & J_{yy} & 0 \\ 0 & 0 & J_{zz} \end{bmatrix}$$

(6.1)

Donde J^b es la inercia del Quadcopter relativa al sistema móvil, aquí J_{xx}, J_{yy}, J_{zz}, representan la inercia del vehículo a través cada eje. Debido a la simetría del sistema la matriz es diagonal y es idéntica para las configuraciones en "X" y "+".

Coeficiente de empuje:

El empuje (T) provisto por sistema rotor-hélice se puede calcular por la ecuación 6.2.

$$T = C_T \rho A_r R^2 \omega^2$$

(6.2)

Donde C_T es el coeficiente de empuje para cada rotor en específico y se calcula de forma experimental, ρ es la densidad del aire, A_r es la sección de aire debajo del área de rotación de la hélice, R es el radio del rotor, y ω es la velocidad angular del rotor. El empuje que proporciona el sistema rotor-hélice provee una fuerza perpendicular al plano X-Y del sistema móvil en la dirección positiva del eje Z. Para un modelado simple como el 6.3 se puede simplificar la caracterización del proceso.

$$T = C_T \omega^2$$

(6.3)

Coeficiente de torque:

La fuerza de torque del sistema rotor-hélice actúa directamente sobre el eje Z durante la acción de *rumbo*. Esta puede ser hallada de la misma forma que el coeficiente de empuje y su forma reducida es 6.4.

$$Q = C_Q \omega^2$$

(6.4)

Donde Q es el torque creado por el motor, C_Q es el coeficiente de torque del sistema rotorhélice y se calcula experimentalmente, ω *es* la velocidad angular del motor

Fuerzas giroscópicas:

El efecto giroscópico es un fenómeno que ocurre cuando el eje de rotación de un cuerpo que se encuentra rotando, cambia de posición. Las fuerzas giroscópicas resultantes en el cuerpo son gobernadas por: las componentes rotativas de cada motor (J_m), la razón de cambio de los ángulos de *balanceo* y *cabeceo* (p, q), y la velocidad angular de cada sistema rotor-hélice (w_i). Las torques giroscópicas que se crean por los motores ante la acción de *balanceo* y *cabeceo* se muestran en (6.5) y (6.6).

$$\tau_\phi = J_m q \left(\frac{\pi}{30}\right)(w_1 - w_2 + w_3 - w_4) \tag{6.5}$$

$$\tau_\theta = J_m p \left(\frac{\pi}{30}\right)(-w_1 + w_2 - w_3 + w_4) \tag{6.6}$$

El término $\frac{\pi}{30}$ corresponde a la conversión de revoluciones por minuto (RPM) a radianes por segundos.

Matriz de fuerza:

A continuación se organiza en la matriz 6.7 las ecuaciones expuestas hasta el momento. Esta tiene en cuenta los momentos aerodinámicos, giroscópicos, y el empuje que produce el sistema rotor-hélice en el vehículo para una configuración en "X".

$$M_{A,T} = \begin{bmatrix} -dT_1 + dT_2 - dT_3 + dT_4 + \tau_\phi \\ -dT_1 - dT_2 + dT_3 + dT_4 + \tau_\theta \\ -Q_1 + Q_2 - Q_3 + Q_4 \end{bmatrix} \tag{6.7}$$

Donde el término d, se refiere a la multiplicación de la longitud del brazo (entre el centro del Quadcopter hasta el sistema motor-hélice) por $sen45°$, pues existe un desplazamiento de 45° propio de la configuración en "X" entre los ejes de rotación del sistema móvil y los brazos del vehículo. Las variables T_i y Q_i representan el empuje y el torque respectivamente.

El cuerpo del Quadrotor también experimenta otras fuerzas como la gravedad y el alza de los motores. La fuerza de alza se muestra en 6.8.

$$F_{A,T} = \begin{bmatrix} 0 \\ 0 \\ T_1 + T_2 + T_3 + T_4 \end{bmatrix} \tag{6.8}$$

La matriz $F_{A,T}$ se refiere a las fuerzas que actúan en el sistema móvil sobre el quadrotor, en función de la aerodinámica y el empuje.

6.1 Ecuación de estado de la velocidad angular.

La ecuación (6.9) describe el cambio de velocidad en *balanceo* (p), *cabeceo* (q) y *rumbo* (r). Se tiene en cuenta la inercia, la velocidad angular, y los momentos aplicados por el sistema rotor-hélice.

$$\dot{\omega}_{b/i} = (J^b)^{-1}\left[M_{A,T} - \Omega_{b/i}J^b\omega_{b/i}\right] = \begin{bmatrix} \dot{p} \\ \dot{q} \\ \dot{r} \end{bmatrix} \quad (6.9)$$

Donde los superíndices y subíndices b e i se refieren al plano móvil y al plano inercial respectivamente. Por ejemplo, $\dot{\omega}_{b/i}$ es la aceleración angular referido al plano móvil con respecto al plano inercial en cada eje de rotación.

Por otro lado $\Omega_{b/i}$, es una matriz producto cruz para la velocidad rotacional y su forma se muestra en 6.10.

$$\Omega_{b/i} = \begin{bmatrix} 0 & -r & q \\ r & 0 & -p \\ -q & p & 0 \end{bmatrix} \quad (6.10)$$

El término $\omega_{b/i}$ es la velocidad rotacional del cuerpo del vehículo en el sistema móvil.

Como se puede observar en 6.11, se encuentra en función de p, q $, r$.

$$\omega_{b/i} = \begin{bmatrix} p \\ q \\ r \end{bmatrix} \quad (6.11)$$

6.1.1 Ecuación de estado de la velocidad lineal.

La ecuación 6.12 describe la aceleración del centro de masa del cuerpo rígido del modelo del Quadcopter, en las direcciones x, y, z. En esta se tiene en cuenta las fuerzas de aceleración que actúan sobre el vehículo.

$$\dot{V}_{CM/i} = \left(\frac{1}{m}\right)F_{A,T} + g^b - \Omega_{b|i}^b V_{CM/i} = \begin{bmatrix} \dot{u} \\ \dot{v} \\ \dot{w} \end{bmatrix} \quad (6.12)$$

Donde, $\dot{V}_{CM/i}$ es la aceleración del centro de masa en el sistema móvil con respecto al sistema inercial; m es la masa total del quadrotor; g^b es la aceleración de la gravedad que se refiere al sistema móvil mediante su multiplicación por la matriz de rotación (2.14), este procedimiento se muestra en (6.13).

$$g^b = C_{b|i}g^i \tag{6.13}$$

Donde g^i es el valor escalar de la gravedad en el plano inercial.

$$C_{b|i} = \begin{bmatrix} c(\theta)\,c(\psi) & c(\theta)\,s(\psi) & -s(\theta) \\ (-c(\phi)\,s(\psi) + s(\phi)\,s(\theta)\,c(\psi)) & (c(\phi)c(\psi) + s(\phi)s(\theta)s(\psi)) & s(\phi)\,c(\theta) \\ (s(\phi)s(\psi) + c(\phi)s(\theta)c(\psi)) & (-s(\phi)c(\psi) + c(\phi)s(\theta)s(\psi)) & c(\phi)\,c(\theta) \end{bmatrix} \tag{2.14}$$

Donde S y C son las funciones seno y coseno respectivamente.

6.1.2 Ecuación de estado de la posición.

Para describir la velocidad lineal del centro de masa del Quadcopter en el sistema inercial se utiliza la ecuación 6.15.

$$\dot{P}^i_{CM/i} = C_{i|b}v^b_{CM|i} = \begin{bmatrix} \dot{x} \\ \dot{y} \\ \dot{z} \end{bmatrix} \tag{6.15}$$

Donde, $v^b_{CM|i}$ es simplemente la velocidad del Quadcopter en el sistema móvil respecto al sistema inercial; $C_{i|b}$ no es más que la traspuesta de $C_{b|i}$. Esta ecuación de estado permite determinar la velocidad del vehículo en las direcciones x, y, z del plano inercial.

6.2 Modelo lineal.

La dinámica de los *UAVs*, en específico los tipo Quadcopter, presenta un alto nivel de no linealidad, por lo que la obtención de un modelo matemático se convierte en una tarea difícil. Puesto que en esta investigación se pretende evaluar una estrategia de control lineal, se necesita definir un modelo lineal para representar el comportamiento del vehículo en el plano analizado. La forma general en espacio estado para el modelo lineal se muestra a continuación:

$$\dot{x} = Ax + Bu \tag{6.16}$$

$$y = Cx + Du \tag{6.17}$$

Donde:

x = vector de estado. y = señal de salida. u = señal de control.

A = matriz de estados.

B = matriz de entrada.

C = matriz de salida.

D = matriz de transmisión. Por simplicidad se toma como matriz cero.

El modelo extendido que describe el comportamiento de estos vehículos posee doce estados por ser un sistema de seis grados de libertad (Balas, 2007).

$$A = \begin{bmatrix}
0 & 0 & 0 & 1 & 0 & 0 & 0 & 0 & 0 & 0 & 0 & 0 \\
0 & 0 & 0 & 0 & 1 & 0 & 0 & 0 & 0 & 0 & 0 & 0 \\
0 & 0 & 0 & 0 & 0 & 0 & 1 & 0 & 0 & 0 & 0 & 0 \\
0 & 0 & 0 & 0 & 0 & 0 & 0 & 0 & -g & 0 & 0 & 0 \\
0 & 0 & 0 & 0 & 0 & 0 & 0 & g & 0 & 0 & 0 & 0 \\
0 & 0 & 0 & 0 & 0 & 0 & 0 & 0 & 0 & 0 & 0 & 0 \\
0 & 0 & 0 & 0 & 0 & 0 & 0 & 0 & 0 & 1 & 0 & 0 \\
0 & 0 & 0 & 0 & 0 & 0 & 0 & 0 & 0 & 0 & 1 & 0 \\
0 & 0 & 0 & 0 & 0 & 0 & 0 & 0 & 0 & 0 & 0 & 1 \\
0 & 0 & 0 & 0 & 0 & 0 & 0 & 0 & 0 & 0 & 0 & 0 \\
0 & 0 & 0 & 0 & 0 & 0 & 0 & 0 & 0 & 0 & 0 & 0 \\
0 & 0 & 0 & 0 & 0 & 0 & 0 & 0 & 0 & 0 & 0 & 0
\end{bmatrix}$$

$$x = [x \quad y \quad v \quad \theta \quad \psi \quad p \quad q] \tag{6.18}$$

$$B = \begin{bmatrix}
0 & 0 & 0 & 0 \\
0 & 0 & 0 & 0 \\
0 & 0 & 0 & 0 \\
0 & 0 & 0 & 0 \\
0 & 0 & 0 & 0 \\
0 & 0 & 0 & 0 \\
0 & 0 & 0 & 0 \\
0 & 1/Ixx & 0 & 0 \\
0 & 0 & 1/Iyy & 0 \\
0 & 0 & 0 & 1/Izz
\end{bmatrix} \tag{6.19}$$

$$B = \begin{vmatrix} -1/m & 0 & 0 & 0 \\ 0 & 0 & 0 & 0 \end{vmatrix} \qquad (6.20)$$

$$U = [U_1 \quad U_2 \quad U_3 \quad U_4]^T \qquad (6.21)$$

$$C = [0 \quad 0 \quad 1 \quad 0 \quad 0 \quad 0 \quad 0 \quad 0 \quad 0 \quad 0 \quad 0 \quad 0] \qquad (6.22)$$

En donde el vector de estado 2.18 está compuesto por las posiciones (x, y, z), las velocidades lineales (u, v, w), los ángulos de rotación *balanceo, cabeceo* y *rumbo* (ϕ, θ, ψ), y las velocidades angulares ($\dot{\phi}, \dot{\theta}, \dot{\psi}$).

El vector de control 2.21 lo componen:

Empuje vertical (sumatoria de los empujes): $U_1 = T_1 + T_2 + T_3 + T_4$ $\qquad (6.23)$

Momento de *balanceo* (diferencia de empuje): $U_2 = l(T_4 - T_2)$ $\qquad (6.24)$

Momento de *cabeceo* (diferencia de empuje): $U_3 = l(T_1 - T_3)$ $\qquad (6.25)$

Momento de *rumbo* (suma algebraica de los torques): $U_4 = Q_1 + Q_2 + Q_3 + Q_4$ $\quad (6.26)$

Donde l es longitud del brazo.

6.3 Modelo lineal reducido para el diseño del control de altura.

Este es un sistema sub-actuado porque el número de entradas (cuatro) es menor que los grados de libertad (seis en total: tres ángulos y tres coordenadas). También se puede observar que las posiciones dependen de los ángulos, pero no entre sí; y los ángulos dependen entre sí, pero no de las posiciones. Apoyados en las investigaciones de varios autores, se plantea la posibilidad de descomponer los lazos de control de posición y altura.

El subsistema resultante está compuesto por las ecuaciones 6.27 y 6.28, el cual tiene en cuenta la posición y la velocidad en el plano z. En la bibliografía consultada se propone el procedimiento de linealización que se muestra posteriormente (Sevilla, 2014; Sonnevend, 2010).

$$\dot{x}_3 = x_6 \tag{6.27}$$

$$\dot{x}_6 = (cos(x_3)cos(x_6))\frac{1}{m}U_1 - g \tag{6.28}$$

Donde x_3 y x_6, son z y $\dot{z}$ respectivamente en el modelo extendido de doce estados tratado anteriormente (2.22).

Los pasos para la linealización de la entrada son los siguientes:

$$\bar{U}_1 = (cos(x_3)cos(x_6))\frac{1}{m}U_1 \tag{6.29}$$

Donde U_1 es el empuje vertical o la sumatoria de los empujes (2.23). Luego se tienen las siguientes ecuaciones:

$$\dot{\bar{x}}_3 = x_6 \tag{6.30}$$

$$\dot{\bar{x}}_6 = \bar{U}_1 - g \tag{6.31}$$

Se hace $\bar{\bar{U}}_1 = \bar{U}_1 - g$, y $\bar{\bar{x}}_3 = h_{ref} - \bar{x}_3$, puesto que existe también un problema de seguimiento de referencia en la estabilización de la altura. Las ecuaciones resultantes son:

$$\dot{\bar{\bar{x}}}_3 = \bar{\bar{x}}_6 \tag{6.32}$$

$$\dot{\bar{\bar{x}}}_6 = \bar{\bar{U}}_1 \tag{6.33}$$

Estas ecuaciones forman el sistema lineal compuesto por (6.34), (6.35) y (6.36). Ahora es posible definirlas como un modelo espacio de estado linealizado que va a depender de la posición (P_z) y la velocidad (V_z) en el plano vertical como muestran las ecuaciones 2.37 y 2.38.

$$A = \begin{bmatrix} 0 & 1 \\ 0 & 0 \end{bmatrix} \tag{6.34}$$

$$B = \begin{bmatrix} 0 \\ 1 \end{bmatrix} \tag{6.35}$$

$$C = \begin{bmatrix} 1 & 0 \end{bmatrix} \tag{6.36}$$

$$\begin{bmatrix} \dot{P}_z \\ \dot{V}_z \end{bmatrix} = \begin{bmatrix} 0 & 1 \\ 0 & 0 \end{bmatrix} \begin{bmatrix} P_z \\ V_z \end{bmatrix} + \begin{bmatrix} 0 \\ 1 \end{bmatrix} u \tag{6.37}$$

$$y = \begin{bmatrix} 1 & 0 \end{bmatrix} \begin{bmatrix} P_z \\ V_z \end{bmatrix} \tag{6.38}$$

6.4 Diseño del controlador LQR.

La técnica de control *LQR* es una versión mejorada de los controles por realimentación de estados, pues la ubicación de los polos transformados no viene dada por el ingeniero en control sino que se basa en conocer un vector *u*, que al realizar un control por realimentación de estados como se muestra en la figura 33 y mediante la ecuación 6.39, minimice la función de costo cuadrático 6.39 (Ogata, 2010).

$$u = -(t) \tag{6.39}$$

$$J = \int_0^\infty x^T . Qx + u^T . Ru \tag{6.40}$$

Donde Q y R son las matrices de covarianzas del ruido en cada parte del modelo y determinan la importancia relativa del error y de la señal de control respectivamente. Mediante la matriz Q se define la incertidumbre en las ecuaciones matemáticas del modelo y mediante la matriz

R la incertidumbre en la medición. En el capítulo siguiente se pretende mostrar los efectos en la señal de control, que se obtienen al variar los valores numéricos de estas dos matrices.

Figura 33.

Diagrama en bloques general de la configuración del controlador *LQR*.

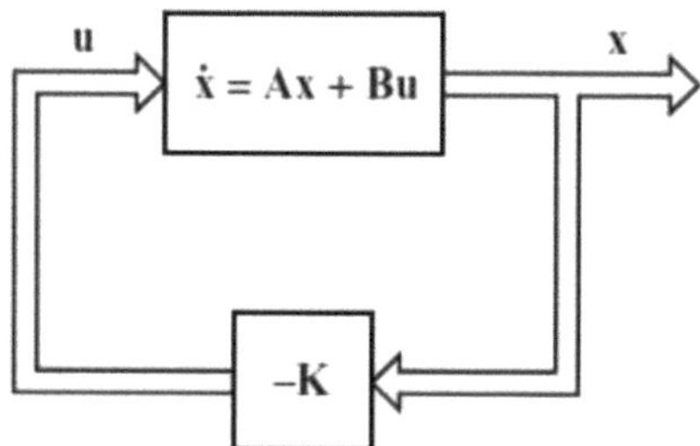

Fuente: Almona cid, M. (2002). Modelado, simulación y control de movimientos de robots paralelos trepadores.

6.4.1 Condiciones necesarias para la implementación del control *LQR*.

Para la realización del control *LQR* el sistema tiene que ser controlable, y si tiene algún estado indeterminado debe ser observable. Como el sistema a controlar tiene todos sus estados conocidos solo debe cumplir la condición de controlabilidad.

Un sistema es controlable si existe una función de entrada o un control capaz de llevar los estados del sistema de un valor a otro en un tiempo finito (Ogata, 2010). Puede entenderse que la controlabilidad del sistema indica el acoplamiento entre entradas y estados, es decir, los estados están afectados por las entradas. En un sistema no controlable, uno o más estados no resultan afectados por las entradas y, por tanto, no se pueden controlar actuando sobre las entradas de la planta.

El criterio más conocido para verificar la controlabilidad de un sistema en el espacio de estado, consiste en conformar la matriz de controlabilidad 6.41 y comprobar que:

1. El determinante de la matriz de controlabilidad sea distinto de cero (6.42).

2. El rango de la matriz de controlabilidad coincida con el orden (n) del sistema (6.43).

$$M = [B|AB|A^2B| \cdots |A^{n-1}B|]] \tag{6.41}$$

$$\det(M) \neq 0 \tag{6.42}$$

$$n = (M) \tag{6.43}$$

Donde el rango es el número de filas independientes linealmente, o el número de valores singulares de una matriz (en este caso de M).

6.4.2 Selección de las matrices Q y R.

No existen reglas o guías que puedan emplearse de forma general para la selección de Q y R, las cuales tienen que ser matrices simétricas reales y definidas positivas. Es conveniente calcular diferentes controladores en base a distintos valores de estas matrices y verificar su efectividad mediante simulación. Una ventaja que tiene el control *LQR* es que, sea cual sea la elección de las matrices Q y R, se preserva la estabilidad asintótica y la robustez del controlador (Ogata, 2010; Sevilla, 2014).

6.4.3 Obtención de la matriz de ganancia óptima *K(t)*.

La ecuación 2.39 mencionada antes, es la ley de control óptima. Por lo tanto, si los elementos desconocidos de la matriz K(t) son determinados tal que se minimice el índice de desempeño, luego esta ley de control va a ser óptima para cualquier estado inicial x(0). La matriz de control K(t) responde a la expresión 6.44.

$$(t) = R^-(t) \tag{6.44}$$

Donde P(t) es la solución a la ecuación de Ricati (6.45)

$$Q + PA + A^TP = PBR^{-1}B^TP \tag{6.45}$$

Si la solución es una matriz P definida positiva, el sistema es estable (Ogata, 2010).

6.5 Controlador LQR con entrada de referencia.

La estrategia de control a implementar para el seguimiento de valores de referencia en el plano vertical es un controlador *LQR* con entrada de referencia, conocido por *"Sistema Servo tipo 1 cuando la planta tiene un integrador"*, pues la función transferencial del modelo lineal reducido (2.37) es $\frac{1}{s^2}$. Este método asume que la señal de control u y la salida y,son escalares; además sugiere que para una elección apropiada del conjunto de variables de estado es posible elegir la salida igual a la variable a controlar (Ogata, 2010). En la figura 34 se muestra el diagrama en bloques de este método en su forma general, donde se asume que $y = x_1$.

Figura 34. Diagrama en bloques de un controlador *LQR* con entrada de referencia cuando la planta tiene un integrador.

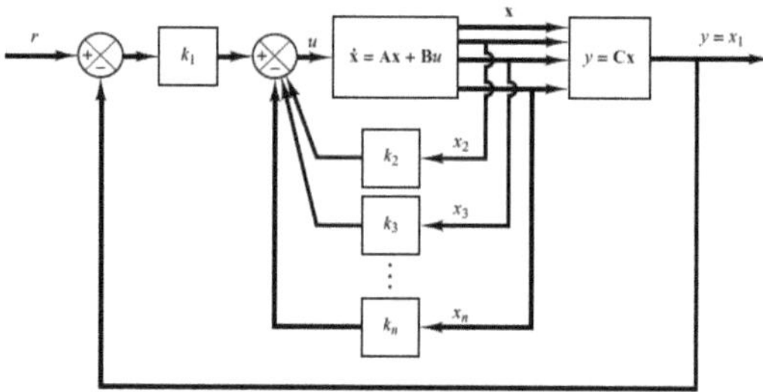

Fuente: Circuitos de Microondas con líneas de transmisión

En este método, el esquema de control de realimentación de estados se muestra en 6.46.

$$u = -[0 \quad K_2 \quad \cdots \quad K_n] \begin{bmatrix} x_1 \\ x_2 \\ \vdots \\ x_n \end{bmatrix} + K_1(r - x_1) \tag{6.46}$$

En 2.47 se muestra la forma general del esquema de control.

$$u = -Kx + K_1 r \tag{6.47}$$

Donde:

$$K = [K_1 \qquad K_2 \qquad \cdots K_n] \tag{6.48}$$

Para poder implementar este método solo falta hallar la matriz de ganancia óptima K (6.48), la cual es posible calcular por el método de control clásico *LQR*, expuesto en el epígrafe 6.5.

En el presente capítulo se muestran las pruebas de simulación llevadas a cabo para el controlador *LQR* sin entrada de referencia y con la misma, lo que sería el controlador *LQR* clásico y el modificado. Todo el diseño se ha basado en el modelo lineal reducido mostrado en el capítulo anterior, ecuaciones 6.34-6.37. Se muestra el desempeño del controlador ante entrada de referencia y perturbadora, y se describe el efecto de la variación de sus parámetros de ajuste en la respuesta transitoria del sistema.

7. Condiciones a cumplir para el diseño de un controlador *LQR*

Como se explica en el epígrafe 2.5.1, para poder diseñar un controlador *LQR* el sistema tiene que ser controlable. Para ello se debe cumplir que el determinante de la matriz de controlabilidad sea distinto de cero, y su rango (número de filas o columnas linealmente independientes de una matriz) sea igual al orden del sistema.

Considerando el modelo de espacio de estados que se muestra en el epígrafe 6.4, y de acuerdo con la ecuación 6.41, la matriz de controlabilidad resultante se muestra en 3.1.

$$M = \begin{bmatrix} 0 & 1 \\ 1 & 0 \end{bmatrix} \tag{7.1}$$

$$\det(M) = -1 \tag{7.2}$$

$$(M) = n = 2 \tag{7.3}$$

Con los resultados obtenidos en 7.2 y 7.3 donde n es el orden del sistema., queda demostrado que el sistema es controlable.

3.3 Evaluación del controlador *LQR* sin entrada de referencia

El objetivo del controlador *LQR* sin entrada de referencia es regular la salida del sistema a cero o a un valor constante, mientras que ella satisface las especificaciones de la respuesta transitoria (Burns, 2001; Fossen, 2011; Ogata, 2010).

De acuerdo con el epígrafe 6.5.2, las matrices Q y R se muestran en las ecuaciones 7.4 y 7.5 respectivamente. Aplicando el procedimiento planteado en el epígrafe 6.5.3 se obtiene la matriz de ganancia óptima (K), la cual se muestra en 3.6.

$$Q = \begin{bmatrix} 1 & 0 \\ 0 & 1 \end{bmatrix} \tag{7.4}$$

$$R = 1 \tag{7.5}$$

$$K = [1\ 1.7321] \tag{7.6}$$

Estos valores de Q, R y K se utilizan en las simulaciones que se muestran en los siguientes subepígrafes y en el epígrafe 3.4. La implementación en Simulink del control *LQR* clásico se muestra en el anexos 1.

7.1 Respuesta del sistema sin entradas perturbadoras

La función transferencial del modelo linealizado que se utiliza para el diseño del controlador y la realización de simulaciones es un integrador de la forma$\frac{1}{s^2}$, lo que garantiza cero error en estado estable.

Figura 35. Respuesta transitoria del sistema con un controlador *LQR* clásico sin entradas perturbadoras.

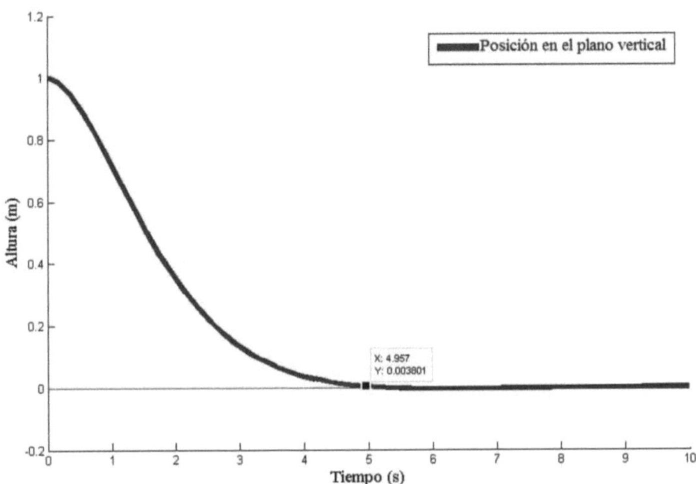

Fuente: Control de Posicionamiento de un Cuadricóptero. Universidad Politécnica de Valencia, Valencia.

En la figura 35 se observa el desempeño del sistema sin entradas perturbadoras y con un valor unitario en la variable de posición (P_z) como condición inicial. El controlador cumple perfectamente su objetivo de mantener el valor de la salida en cero cumpliendo con lo planteado al inicio de este epígrafe. El tiempo de establecimiento se alcanza cercano a los cinco segundos y no se observan oscilaciones en la respuesta del sistema.

7.1.2 Respuesta ante entrada perturbadora

En la figura 36 se muestra la respuesta del sistema ante una perturbación tipo paso unitario que comienza a actuar a los cinco segundos. El sistema logra estabilizarse aproximadamente a los 10 segundos y asegura cero errores en estado estable.

Figura 36. Respuesta transitoria del sistema con un controlador LQR clásico ante una entrada perturbadora tipo paso unitario.

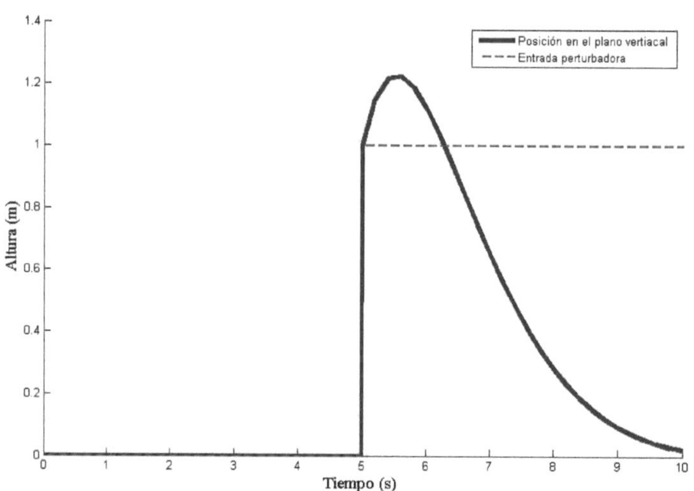

Fuente: Los Drones y sus Aplicaciones en la ingeniería civil

7.2.Evaluación del controlador *LQR* con entrada de referencia

El *LQR* clásico difiere de su versión con entrada de referencia en cuanto al esquema de control de realimentación de estados (figuras 30 y 31). Este último realimenta todos los estados del sistema multiplicados por las ganancias correspondientes de la matriz K,excepto el estado que se desea controlar y su ganancia (Ki),los cuales se ubican en la trayectoria directa. El estado deseado pasa directamente a la salida, luego se realimenta a la entrada del sistema donde se resta con el valor de referencia y se multiplica por la ganancia (Ki) que le corresponde.

La principal ventaja de este controlador es que permite el seguimiento de una entrada de referencia, aspecto importante en el control de altura de este tipo de *UAV*. Como el diseño está basado en la minimización de un índice de desempeño cuadrático, conduce a un sistema de control estable que por definición es óptimo (Burns, 2001; Ogata, 2010; Sonnevend, 2010).

7.2.1 Respuesta del sistema ante entrada de referencia

En figura 37. Se puede observar como el sistema logra seguir la entrada de referencia tipo paso unitario con cero error en estado estable y estabilizarse aproximadamente en cinco segundos. Se comporta de forma sobreamortiguada por lo que el tiempo de subida coincide con el de establecimiento.

Figura 37.

Respuesta del sistema ante una entrada de referencia tipo paso unitario.

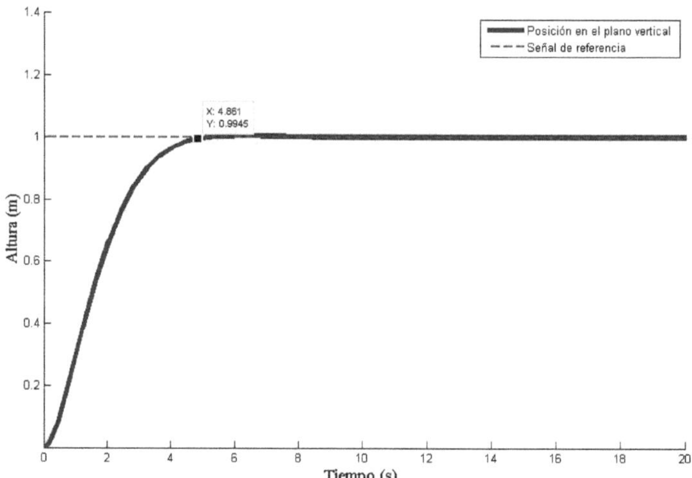

Fuente: Los Drones y sus Aplicaciones en la ingeniería civil

La siguiente simulación muestra el desempeño del sistema ante una entrada de referencia compuesta por tres pasos unitarios que actúan en diferentes momentos:

- En el instante donde comienza la simulación ($t = 0$).
- 10 segundos de comenzada la simulación.
- 15 segundos de comenzada la simulación, pero con magnitud negativa.

Figura 38.

Respuesta del sistema ante una entrada de referencia compuesta por tres pasos.

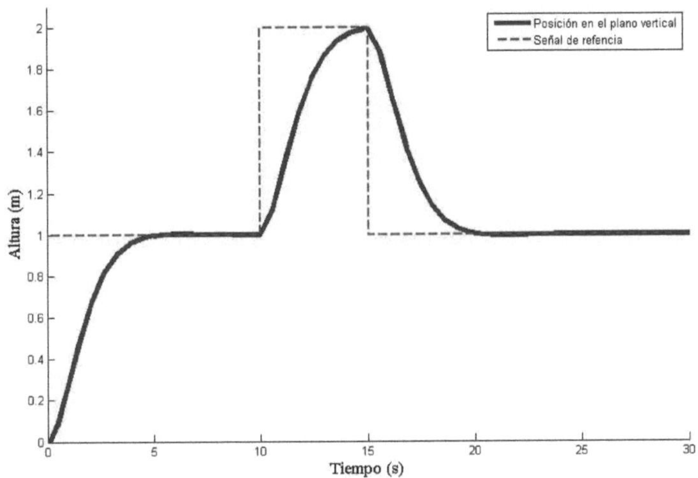

Fuente: Los Drones y sus Aplicaciones en la ingeniería civil

En la figura 7.4 se observa la fiabilidad del sistema al seguir una entrada de referencia compuesta por tres pasos unitarios. El sistema se comporta sobre amortiguado y se estabiliza a los cinco segundos aproximadamente cada vez que cambia el valor de referencia.

7.2.2 Respuesta del sistema ante entrada perturbadora

La figura 39 corresponde al comportamiento de la salida del sistema ante una entrada de referencia tipo paso de magnitud 2. Además el sistema es sometido a una perturbación compuesta por dos pasos unitarios que actúan:

- 10 segundos de comenzada la simulación.
- 20 segundos de comenzada la simulación, pero con magnitud negativa.

Figura 39.

Respuesta del sistema ante una entrada de referencia de magnitud 2 combinada con una perturbadora tipo paso.

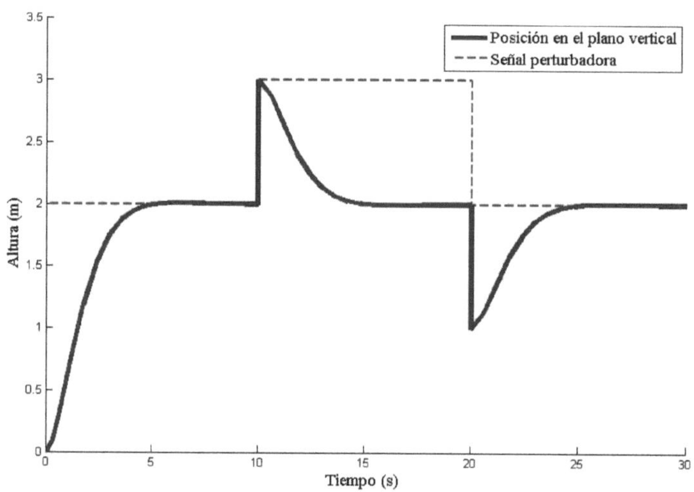

Fuente: Los Drones y sus Aplicaciones en la ingeniería civil

Se puede observar en la figura 7.5 como el sistema primeramente se ubica en el valor de referencia, luego es sometido a una perturbación compuesta por dos pasos unitarios (uno positivo y otro negativo) que lo sacan de su punto de equilibrio y demora en volver a su valor de referencia alrededor de cinco segundos después de cada cambio en la entrada perturbadora. El sistema ante entrada perturbadora asegura cero error en estado estable y una respuesta sobreamortiguada.

7.3 Efectos de Q y R en la respuesta del sistema

Como se plantea en el epígrafe 2.5.2, es conveniente calcular diferentes controladores en base a distintos valores de las matrices de peso (Q y R) y verificar su efectividad. Las simulaciones que aparecen a continuación corresponden a la respuesta del sistema ante una entrada de referencia tipo paso unitario. La comparación de los resultados se realiza respecto a la figura 7.3.

7.4. Variación de Q con R constante

En un primer momento se aumenta el valor del elemento correspondiente a la posición (P_z) dentro de la matriz Q, como se muestra en 7.7. El valor de R se mantiene igual a uno.

$$Q = \begin{bmatrix} 10 & 0 \\ 0 & 1 \end{bmatrix} \tag{7.7}$$

Para este nuevo valor de la matriz Q el vector de ganancia óptima cambia, este se muestra en 7.8.

$$K = [3.1623 \quad 2.7064] \tag{7.8}$$

En la figura 40 se observa como el sistema pasa de ser sobre-amortiguado a subamortiguado, lo que provoca un tiempo de subida menor (alrededor de dos segundos) y un pequeño valor de sobrecresta (aproximadamente 2.4%). La respuesta es adecuada y logra un tiempo de establecimiento de 3.5 segundos, lo que supera los resultados alcanzados con el valor inicial de Q.

Figura 40.

Respuesta del sistema ante una referencia tipo paso unitario con un valor de 10 en el primer elemento de Q.

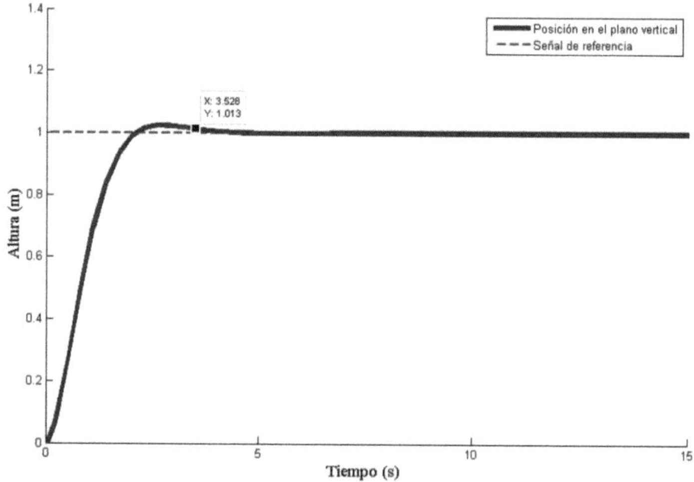

Fuente: Los Drones y sus Aplicaciones en la ingeniería civil

La próxima simulación muestra la respuesta del sistema al disminuir el valor del primer elemento de la matriz Q, la cual se muestra en 7.9 y la matriz de ganancia óptima resultante es 3.10.

$$Q = \begin{bmatrix} 0.1 & 0 \\ 0 & 1 \end{bmatrix} \tag{7.9}$$

$$K = [\, 0.3162 \quad 1.2777 \,] \tag{7.10}$$

Figura 41.

Respuesta del sistema ante una referencia tipo paso unitario con un valor de 0.1 en el primer elemento de Q.

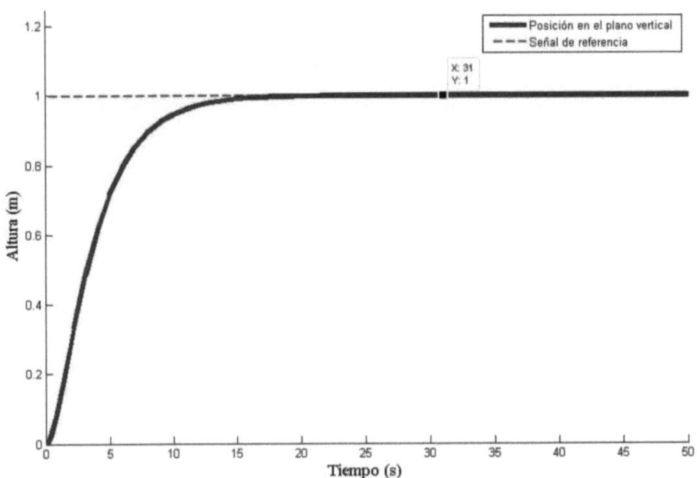

Fuente: Los Drones y sus Aplicaciones en la ingeniería civil

La figura 41 representa el desempeño del sistema al disminuir el valor correspondiente a la posición en la matriz Q. El sistema se comporta de forma sobreamortiguada, lo que provoca que la respuesta no tenga sobrecresta pero sea muy lenta. El tiempo de subida coincide con el de establecimiento y lo alcanza a los 31 segundos. Este resultado no es idóneo para el control de *UAVs*.

7.5 Variación de R con Q constante

En este sub-epígrafe se muestran los efectos en la salida del sistema al modificar el valor de R, el valor de Q se mantiene igual a la ecuación 7.4. En la siguiente simulación se incrementa el valor de R diez veces, como se observa en 3.11, y la matriz de ganancia óptima resultante es 3.12.

$$R = 10 \qquad\qquad (7.11)$$

$$K = [\ 0.3162 \quad 0.8558]$$ (7.12)

Figura 42.

Respuesta del sistema para un valor de R igual a diez.

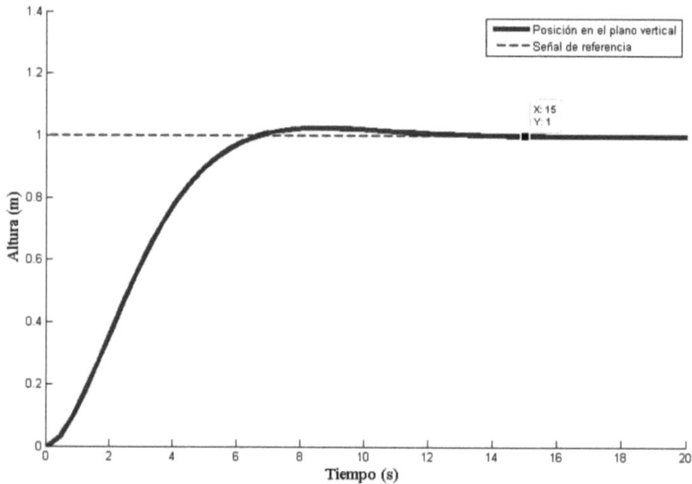

Fuente: Los Drones y sus Aplicaciones en la ingeniería civil

En la figura 42 se observa que el sistema se comporta de forma subamortiguada con un valor de sobrecresta de 2.4%, el tiempo de subida lo alcanza a los 7 segundos y el de establecimiento a los 15 segundos, lo que la hace una respuesta muy lenta.

Si reducimos el valor de R diez veces como se muestra en 3.13, la matriz de ganancia óptima que se obtiene es 3.14. Esta modificación provoca que el sistema se comporte de forma sobreamortiguada, el tiempo de establecimiento coincide con el de subida y lo alcanza a los 6 segundos aproximadamente, lo que lo hace una respuesta lenta (figura 43).

$$R = 0.1$$ (7.13)
$$K = [\ 3.1623 \quad 4.0404]$$ (7.14)

Figura 43.

Respuesta del sistema para un valor de R igual 0.1.

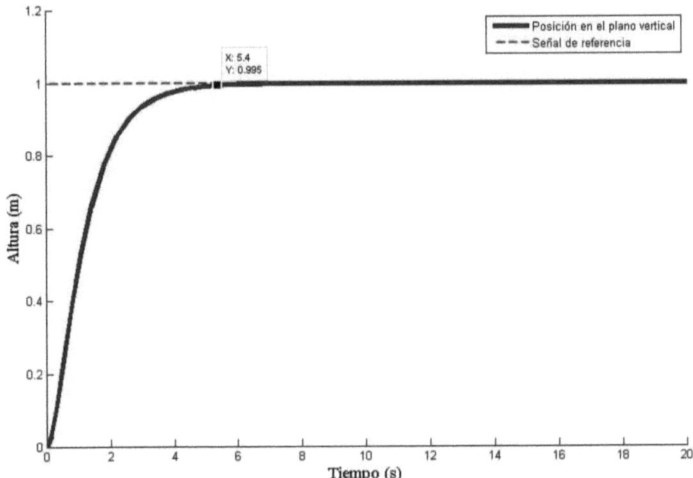

Fuente: Los Drones y sus Aplicaciones en la ingeniería civil

7.5.1 Resultados

En la tabla 3 se muestra a modo de resumen los efectos que provoca en la respuesta transitoria las variaciones de las matrices de covarianza de ruido. Una disminución del valor correspondiente a la variable controlada dentro de la matriz Q da como resultado una respuesta más lenta y sin oscilaciones. En la situación contraria, al aumentar el mismo valor el sistema responde más rápido y la respuesta se comporta de forma subamortiguada. En el caso del valor de R, sus variaciones producen una respuesta contradictoria a las variaciones de Q, puesto que al aumentar su valor la respuesta se hace más lenta y comienza a aparecer un pequeña oscilación antes de llegar al valor final. No existe una guía concreta para la selección de estos valores como se mencionó en el capítulo anterior. Al desarrollar el controlador LQR el diseñador debe realizar un proceso de ajuste, en busca de los valores adecuados para la estructura del modelo seleccionada, llegando a un compromiso entre velocidad de respuesta y máximo valor de sobrecresta según los requisitos y comportamiento físico del vehículo en este caso.

Tabla 3.

Efectos de la respuesta transitoria ante la variación de Q y R.

Variación de Q con R constante.	Ganancia de realimentación	Máximo sobreimpulso (%)	Tiempo de subida (s)
		0	31
$Q = \begin{bmatrix} 0.1 & 0 \\ 0 & 1 \end{bmatrix}$	$\zeta = [\,0.3162 \quad 1.2777\,]$	2.44	2.03
$Q = \begin{bmatrix} 10 & 0 \\ 0 & 1 \end{bmatrix}$	$\zeta = [3.1623 \quad 2.7064]$		
Variación de R con Q constante.			
$R = 0.1$	$\zeta = [\,3.1623 \quad 4.0404\,]$	0	5.8
$R = 10$	$\zeta = [\,0.3162 \quad 0.8558\,]$	2.44	6.8

Fuente: Realización propia.

8. Conclusiones

La conclusión de este proyecto señala la diferencia notoria al programar teniendo en cuenta las condiciones ideales, donde se puede solucionar problemas de estabilización en los motores. Asimismo, al momento de realizar el montaje de hardware en el Dron se debe tener en cuenta diversas variables como por ejemplo la condición climática.

El firmware que se desarrolló permite interactuar software con hardware. Se realizó el ensamblaje del Dron S500 con los variadores de velocidad, para lo cual fue necesario realizar las pruebas de calibración con los cuatro motores donde se pudo parangonar los tipos de vuelo posibles mediante la programación del código en Arduino, la cual permite la actuación de los distintos componentes y funciones de forma coordinada.

Entre los objetivos alcanzados se encuentran la obtención del ángulo de los sensores, su conversión a un valor estable mediante el filtrado, la asignación de la acción de control de los actuadores, la medida de carga de la batería y la preparación del control PID para su aplicación.

Bibliografía

AIT-AHMED. M. and M. Renaud (1993). Polynomial representation of the forward Kinematics of a 6 dof parallel manipulator.In:proc. Of int.Symp. On intelligent robotics) (Bangalore, Ed.). Vol. 1.

ALMONA cid, M. (2002). Modelado, simulación y control de movimientos de robots paralelos trepadores. PhD thesis. Miguel Hernández University UMH.

ARACIL, R., R. Saltaren and O. Reynoso (2005a).Climbing parallel robot CPR: a robot to climb along tubular and metallic structures.IEEE Robotics and Automation Magazine.

A.Visioli, Practical PID Contrl, (2006) Springer Science & Business Media.

BLAZQUEZ PRIETO Josep. (1995) Introducción a los sistemas de comunicación inalámbrica. España *creative commons*

BEN-DORr, E. (2010). Characterization of soil properties using reflectance spectroscopy. Ch.22. In P. S. Thenkabail, J. G. Lyon, & A. Huete (Eds.), Hyperspectral remote sensing of vegetation (pp. 705). Boca Ratón, FL: CRC Press.

CUERNO REJADO Cristina. (2015). Los Drones y sus Aplicaciones en la ingeniería civil. La suma de todos. Madrid. Pág. 30

COUCH W. León. (2008).Sistemas de comunicaciones digitales y analógicas. Séptima edición. Pearson Educación. México. Pag514-540

Chamorro, W. (2013). Control de un Cuadricóptero para seguimiento de un móvil. Revista Politécnica 32, pág. 1–10.

Cheong, F. (2007). A hierarchical fuzzy system with high input dimensions for forecasting foreign exchange rates, 2007 IEEE Congr. Evol. Comput. CEC 2007, pág. 1642–1647.

Coza, C., Macnab, C. J. (2006). A new robust adaptive-fuzzy control method applied to quadrotor helicopter stabilization, en: Annual meeting of the North American Fuzzy Information Processing Society (NAFIPS), Montreal, Canadá, pág. 454-458.

Cortés, A. (2015). Control de Posicionamiento de un Cuadricóptero. Universidad Politécnica de Valencia, Valencia.

Crespo, G., Glez-de-Rivera, G., Garrido, J., Ponticelli, R. (2014). Setup of a communication and Systems, pág. 1–6.

Ehrlich, M., Lupián, L. (2014). Diseño, construcción y control de un cuadricóptero– parte 2: software, estimación y control. Presentado en: Memorias del Tercer Concurso de Investigación, Desarrollo e Innovación Tecnológica Idit, pág. 6.

F. M. M. I. o. T. Shane Colton. (2007). The Balance Filter. A Simple Solution for Integrating Accelerometer and Gyroscope Measurements for a Balancing Platform.

Fatan, M., Sefidgari, B.L., Barenji, A.V. (2013). An Adaptive Neuro PID for Controlling the Altitude of Quadcopter Robot. IEEE Robotics Automation Magazine, pág. 1–4.

Fogelberg, J. (2013). Navigation and Autonomous Control of a Hexacopter in Indoor Environments. Lund University, Suecia.

GONZALEZ-LONGATT Francisco M. (2014). Introducción a los sistemas de potencia. http://www.giaelec.org/fglongastt/SP.htm.

GUALDA J.A. MARTINEZ S. MARTINEZ P.M. (1998).Electrónica Industrial de potencia.

Segunda edición. Alafomega Marcombo S.A.Pág. 317-331

K. Ogata, (2003).Ingeniería de control moderna, Pearson Educación.

Jun, M., Roumeliotis S. I., Sukhatme, G. S. (1999). State estimation of an autonomous helicopter using Kalman filtering. Presentado en: Intelligent Robots and Systems (IROS), pág. 1346 – 1353.

MORRIS Noel M. (1980). Electrónica industrial avanzada. Marcombo S.A . Impreso en España.

Pag.147-177.

OPPENHEIM Alan V. WILLSKY Alan S. (1998). Señales y sistemas segunda edición. Prentice Hall Hispanoamericana, S.A. México. Pág. 284-334

TEMES BARA Javier. (2000). Circuitos de Microondas con líneas de transmisión. Alfaomega Grupo editor S.A. México D.F pag.183-239

I want morebooks!

Buy your books fast and straightforward online - at one of world's fastest growing online book stores! Environmentally sound due to Print-on-Demand technologies.

Buy your books online at
www.morebooks.shop

¡Compre sus libros rápido y directo en internet, en una de las librerías en línea con mayor crecimiento en el mundo! Producción que protege el medio ambiente a través de las tecnologías de impresión bajo demanda.

Compre sus libros online en
www.morebooks.shop

KS OmniScriptum Publishing
Brivibas gatve 197
LV-1039 Riga, Latvia
Telefax: +371 686 204 55

info@omniscriptum.com
www.omniscriptum.com

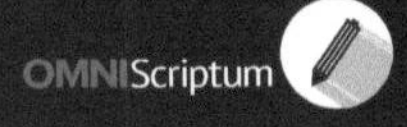